普通高等教育"十一五"国家级规划教材
教育部普通高等教育精品教材

产品设计

主　编　刘永翔

参　编　高　筠　李培盛

主　审　阮宝湘　何人可

机械工业出版社
CHINA MACHINE PRESS

本书为普通高等教育"十一五"国家级规划教材和教育部普通高等教育精品教材。全书共九章，系统介绍了产品设计的基本概念和方法理论，从要素组成、操作流程、功能定位、造型语意、工程实现以及设计知识产权等多个方面对产品设计活动进行了精要阐述。书中同时设置了有针对性的思考练习和实践命题设计内容。全书内容丰富全面，图文结合，侧重实例教学。

本书可作为高等院校工业设计、艺术设计以及其他产品设计类专业的教材，也可作为成人教育、研究生教学的参考用书，还可供从事产品设计或销售的工作人员学习参考。

图书在版编目（CIP）数据

产品设计/刘永翔主编. — 北京：机械工业出版社，2019.6（2024.7重印）
普通高等教育"十一五"国家级规划教材　教育部普通高等教育精品教材
ISBN 978-7-111-62468-4

Ⅰ.①产… Ⅱ.①刘… Ⅲ.①产品设计—高等学校—教材
Ⅳ.①TB472

中国版本图书馆CIP数据核字（2019）第066408号

机械工业出版社（北京市百万庄大街22号　邮政编码100037）
策划编辑：冯春生　责任编辑：冯春生　尹法欣
责任校对：张　力　封面设计：张　静
责任印制：常天培
固安县铭成印刷有限公司印刷
2024年7月第1版第5次印刷
205mm×254mm·11.25印张·246千字
标准书号：ISBN 978-7-111-62468-4
定价：49.80元

前 言

PREFACE

产品作为人类造物的主要代表形式，已经深入到人们生活和工作的方方面面，也越来越多地影响着人类文明的进程以及人类与大自然间的和谐关系。优秀的产品，源于设计的不断创新和探索。现代人生活品质的提升，均伴随着产品设计活动的不断演进；企业的市场竞争力，都离不开高品质产品和服务的持续维系；国家经济的繁荣发展，更需要有出类拔萃的产品体系来支撑。

我国的工业设计本科教育经历了四十余年的发展已初具规模，在推动制造业发展、提升综合国力方面的作用也开始显现。在"中国制造"走向"中国创造"的今天，工业设计对于产品创新和企业发展的重要作用越发明显，在越来越多的层面开始得到国家的认同和支持，其人才培养也开始被社会广泛关注。本书作为普通高等教育"十一五"国家级规划教材、2008年教育部普通高等教育精品教材，正是在这种情况下编写而成。现今的设计教育，鉴于信息传播极度发达和社会资源平台共享，教学内容和模式都较之先前有了很大的变化。教材在系统性理论内容组织提供和实践方向、模式建议方面的框架性参考作用成为首要考虑的问题，这也是本次教材修订的主要目的：精心组织产品设计经典理论，更新陈旧设计案例，增加学生实践内容，深化主要章节后面的思考题，为任课教师预留内容增设和选择空间，从不同角度促进提升学生的思考研究与设计实践能力。

本书在编写中重点强调的是理论框架完整、内容精要和引导性强。结合现今获取专业资讯的便捷性，本书摒弃了大部分单纯的知识传递性章节，目的是便于选用教材的教师根据自身学校人才培养特点有针对性地进行内容组织安排，增加教材使用的灵活性。在理论内容组织方面，也是遵循"框架"原则，对细节性内容不做展开，而由教师与学生在互动中补充相关学习内容。本书的理论框架主要是围绕产品设计基本理论、要素组成、程序方法、功能定位与实现、语意表达、加工工艺与材料、商业化推广与知识产权、设计管理等方面组织构建；同时侧重对大量设计实践案例的剖析比较，使学生通过直观、视觉化的产品设计实例学习和思考练习，在设计研究与实践基础上，掌握以下方面的理论和方法：如何在产品设计中做出审美判断，如何把科技与文化、环境、美学、市场等设计要素结合起来，如何协调产品及其系统与人（使用者、消费者）的关系，如何看待产品的系统性设计与服务设计的关联，等等。

　　全书共九章，第一章至第四章为产品设计的基础理论，第五章至第七章为产品设计活动的相关拓展，第八章、第九章是设计实践研究与命题参考。本书与同类教材相比有以下三方面的特色：第一，相关章后设有思考题，辅助学生巩固深化所学内容；第二，在第八章结合近年的产品设计主题热点，选取了在校学生的实践设计作品，对学生学习有较好的参考对比作用；第三章、第九章为产品设计实践命题，命题内容充分归纳了近年比较主流和备受关注的设计领域，有助于教师教学中进一步发挥和利用。由于技术发展和社会节奏的不断增速，设计案例的时效性越发明显，建议任课教师在实际教学中适时更替调整，使本课程的教学与社会发展、流行产业以及设计潮流结合得更加密切。

　　本书虽是系列教材之一，考虑到作为独立教材的完整性和相关各门教材的互补性，书中内容在产品设计自身基础上略有扩展，以利于本书能成为可以独立使用的教材。

　　本书由北方工业大学刘永翔教授主编，参加编写的有北方工业大学刘永翔（第一、二、五、六、七、八、九章，第三章第四节，第四章第五节）、李培盛（第四章第一、二节）和中国计量大学高筠（第三章第一、二、三节，第四章第三、四节）。本书由北京理工大学阮宝湘教授、湖南大学何人可教授联合主审，他们提出了许多宝贵意见，编者对他们的辛勤工作和大力支持表示感谢。本书的编写还得到了扈夏蒙、钦丽萍、白如月、薛松、马晓艺、胡昳、侯思达、胡辰韬等同学的多方面配合，他们提供了许多优秀设计实践案例，在此一并表示感谢。

　　由于编者水平和学识有限，书中难免存在缺点和不足，衷心期待读者批评指正。更希望使用本书的老师和学生，把好的建议和想法反馈给编者，以便在本书后续修订中进行参考和吸纳，让更多学校能分享你们的宝贵经验。

编　者

于北京

目 录

CONTENTS

Chapter **3** 第三章　产品设计流程与创新方法／038

Chapter **4** 第四章　产品功能定位与形式设计／062

产品设计概述

第一章

通过对本章的学习，明确产品设计与工业设计之间的范畴关系，掌握产品设计概念与内涵，了解其对于企业乃至国家创新发展的重要作用和战略意义，以及产品设计的风格演变过程与发展趋向。

本章内容应以教师概要性介绍为引导，侧重学生依据内容框架广泛检索资料，深入了解学习，并结合课堂讨论与示例剖析完成本章知识内容的传达。

第一节 工业设计中的产品设计

一、现代设计的范围

（一）设计的概念

美国著名科学家、诺贝尔奖获得者赫伯特·西蒙认为："设计是为使存在的环境变得美好的一种活动。设计好比是一种工具，通过它能使创意思想、新技术成果、市场需要和企业的经济资源转化成明确的、有用的结果和产品。"德国乌尔姆造型学院教师利特也曾说："设计是包含规划的行动，是为了控制它的结果。它是很艰难的智力工作，并且要求谨慎的、广见博闻的决策。它不总是把外形摆在优先地位，而是把有关的各个方面结果结合起来进行考虑，不但包括制造、适应并易于操作、感知，而且还要考虑经济、社会、文化效果。"

对"设计"的理解与定义论述虽然众说纷纭，但就设计本质的认识是基本相同的，即它是人类一种创造性的活动，是工业化生产前提下一种综合性的计划行为。

（二）现代设计中的工业设计

现代设计涉及面非常广泛，是现代经济和现代市场活动的重要组成部分，因而，不同的市场活动，也造成了不同的设计范围。

工业设计是工业革命以后发展起来的设计活动，与传统设计有很大不同，其根本的区别在于现代工业设计与大工业化生产和现代文明关系密切，与现代生活紧密相连，这是传统的手工艺或工艺美术设计所不具有的。同时，工业化的社会背景和技术因素的高度参与，尤其是近些年信息技术全方位的渗透，决定了工业设计在现代设计领域中的重要位置。

工业设计的成果更多的是以物化产品的形式体现。产品设计的领域很广，有很多内容与其他设计领域相互交叉。如家具、椅子等既是家具产品，又是室内环境的组成部分；公共候车亭等既是设施产品，又是室外环境的组成部分；又如各类产品的面板、包装、铭牌等，设计中还涵盖了许多视觉传达设计（或平面设计）的内容。因此，很多时候产品设计被看成是工业设计的核心领域。先进的设计概念中，产品设计已不单指具体的产品功能实体设计，而是泛指企业在社会生活研究、新产品开发计划等方面更宏观的工作，设计的内涵有了进一步的深化和丰富。

二、产品设计的概念及内涵

（一）产品与产品设计

产品究其实质是为人类生活和工作服务的工具，是一个错综复杂的综合体，凝聚了材料、技术、生产、管理、需求、消费、审美以及社会经济文化等各方面的因素，是特定时代和环境下科学技术水平、生活方式、审美情趣等诸多信息展示的物质载体。

可以说，人们日常生活中接触到的大部分产品都是经过或多或少设计的，都是在改善生活品质、探索新的生活方式中逐步发展形成的，其本质是为了满足人类生活工作中的种种需求，或解决人类行为活动中的一系列困难，这也就催生了形形色色的产品设计活动。通过设计活动，使每一件产品都体现为现代科学技术和人类文化艺术的共同发展融合，展示人们的生活观念、价值观念，改造自然和社会的设想实施。因此，如图 1-1 所示，新产品的形成或者说产品设计活动的开展，更多的是由新生活方式需求形成的市场引导和新材料、新技术发展形成的技术引导两者所引发的。

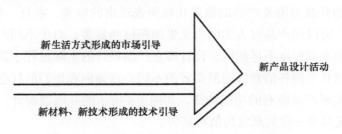

图 1-1　产品设计活动形成引导因素

产品设计是解决产品系统中人与物之间的关系，产品设计师不同于一般工程技术人员或艺术家。工程设计是解决产品系统中物与物之间的关系，艺术家的创作则更是个人化的思想表现，可以不考虑市场、工程实现的制约因素。而产品设计工作则不然，它是为大多数人服务，设计结果要为社会公众所接受，因此产品设计人员既要了解市场，又要懂得工程知识，使设计方案成为在解决人群需求的前提下，尽可能是便于合理生产的形态。

所谓产品设计，指的是把一种计划、规划设想、问题解决方法，通过真实的载体——一种美好的形态表达出来的活动过程。

（二）产品设计内涵

在产品设计中，要考虑的因素很多。当一件产品经加工制造后进入市场，最后移交到用户手中，产品与人构成了一种贯穿始终但又变化的相互关系：人参与产品的生产、运输销售、使用操作，产品在与人接触及为人提供各种方式服务的同时反过来影响人的使用。另外，由于产品与人共存于特定环境中，因此产品、人及产品与人之间的相互关系必定与环境构成一种新的互动关系。以汽车为例，人驾驶汽车，在人与汽车之间形成了一种密切的相互关系。一方面作为交通工具的汽车为人提供了一种新的生活方式，成为代步工具，但汽车的设计也直接影响到人的操作使用；另一方面，汽车本身与其他车辆、行人、街道、建筑构成了一种新的环境关系，这种新的环境关系又反过来改变着人们的生活方式和生存环境，如汽车造成的噪声、废气、交通阻塞、事故伤害等。如图 1-2 所示，产品与人、产品与环境、环境与人之间相互影响，有着不可分割的内在联系。产品设计所包含的内容范围

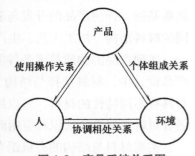

图 1-2　产品系统关系图

很广，但归纳起来，无外乎构成产品的三大要素：产品功能、物质技术条件和美的形态。

1. 产品功能

产品功能是工业产品与使用者之间最基本的一种相互关系，是产品得以存在的价值基础。每一件产品都有不同的功能，人们在使用产品中获得的需求满足，就是产品的功能实现。

依据不同的标准可以对产品功能进行不同角度的分类。如图1-3所示，按产品功能性质不同，可以分为物质功能和精神功能。物质功能指产品的实际用途或使用价值，是设计者和使用者最为关心的内容，一般包括产品的适用性、可靠性、安全性和维修性等。精神功能则是指产品的外观造型及产品的物质功能所表现出的审美、象征、教育等特征效果。运用功能的观念，可以使产品对人类的意义更加积极和显著，对于不同产品，这些功能所表现的优先次序和重要程度不尽相同。设计师在产品设计的实际过程中需要通过深入的调查分析，真正了解并掌握各消费层面消费者的不同心理倾向和他们的社会价值观念，恰当运用设计语言以实现产品应有的功能特征，如图1-4所示的开瓶器设计，既保证了开启瓶盖的物质功能，又具备一定的观赏价值和品位。

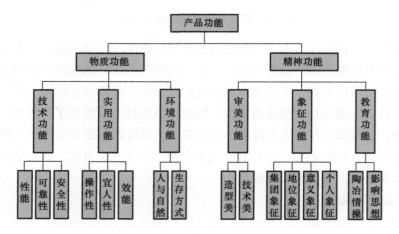

图1-3 产品功能系统

2. 物质技术条件

物质技术条件包括材料、结构、工艺等在内的生产技术要素，是产品实体得以形成的物质基础。任何产品的开发与制造，都离不开物质技术条件的支撑。同一产品功能，在不同的材料结构、加工工艺、生产技术背景下会形成完全不同的产品。

实现产品的物质技术条件能反映出产品的科学性、先进性、时代性和艺术性。在实际产品设计中，材料选择与结构方式设计是十分重要的。同时，材料与结构又是密不可分，对具有不同特性的材料，可以用不同方法去加工处理；而不少新颖巧妙的产品结构正是伴随着对材料特性的认识和应用而发展形成的。

实现材料与结构的有机组合，要通过生产技术条件和加工工艺来完成。只有符合生产技术条件的设计才具有实现的可能性。落后的生产技术和加工工艺不仅降低产品的内在质量，同时也会损害产品的外在形象。在科技水平与制造技术快速发展更新的时代，设计师应密切关注新技术、新材料、新工艺的发展动向，使产品在符合生产可行性的前提下，更

图 1-4　开瓶器设计

具科学性和先进性，达到高标准的设计质量。如图 1-5 所示的戴森 DC-36 吸尘器，充分应用先进的技术成果，并将其融入新材料、新工艺，使传统产品的功能和品质都有所突破，大幅度提升了吸尘效率和操作舒适性。

图 1-5　戴森 DC-36 吸尘器

3. 美的形态

产品是供人使用，以满足人在生活工作中的需要的，其功能目的的实现才是关键。但不论产品设计中使用目的体现得多么完善，要经历多少个复杂环节，最终还是要由一个具体的物化形态来实现。产品设计脱离不开具体形态的塑造。

产品形态不应是一个孤立的外观形式，而是材料、结构、人机关系以及生产工艺等因素组成的产品功能的外在表现。物化的产品不仅仅是由材料、结构等因素组成的，同时还应包含美的情感因素。这种美的情感因素是人类复杂的心理需求，是通过产品的诸要素协调以及美的形式规律带来的设计美，并由具体的外在形态展现出来的。通过产品美的形态，使消费者了解到产品的使用功能、操作方式、文化内涵等一系列的具体内容。

在产品种类与形式的演进过程中，产品设计的三大要素往往交织在一起，共同推动产品的更新与发展。图 1-6 中展示了在功能需求提高、技术材料革新和审美情趣进步的影响下，同一产品在不同阶段的形态表现。图 1-6a 所示是座椅造型的变化发展，其影响因素主要是材料与加工工艺的进步革新，同时也伴随着社会文化、风格时尚对具体产品造型语言的影响。图 1-6b 所示的几款椅子，2003 年的 Mart 座椅，在功能、技术和设计上达到完美结合；2007 年 Zaha Hadid 设计的 Moon 沙发，则成为极致的仿生系统的体现；2009 年深泽直人（Naoto Fukosawa）设计了凤蝶椅 Papilio，绚丽多彩的蝴蝶概念衍生出人见人爱的座椅家族。

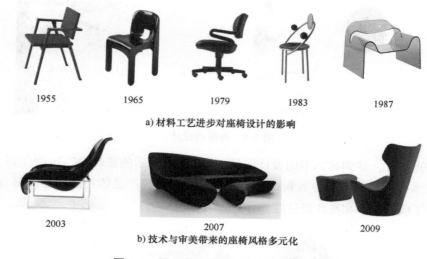

a) 材料工艺进步对座椅设计的影响

b) 技术与审美带来的座椅风格多元化

图 1-6　同一产品随时代进步的演进发展

第二节　产品设计的战略价值与意义

英国工业革命催生了促进产业创新的工业设计领域，产品设计在过去的近一个世纪中，为许多国家的民族工业振兴和经济发展起到了不可估量的推动作用，产品创新已经成为全世界现代工业文明不可缺少的原动力。

一、产品设计的战略价值

（一）设计创新与社会发展

产品作为人类创造活动的产物，除了它的物质性和实用功能外，还承载着人类巧夺天工的设计智慧和创新精神。从传说中的女娲补天，到伏羲八卦；从大禹设计疏浚水图，到李冰建造都江堰；从商周青铜器，到唐宋三彩瓷器和明清的木制家具；从千年传承的算盘到筷子、银针的发明，等等，都无不体现着人类造物与创新中的伟大智慧，这也是历史和社会进步的根本所在。如图 1-7 所示的生态房屋，是现代人类在已有科技发展和预测基础上，进行的大胆设计创想——拥有完整生态链的建筑群，舍弃了钢筋混凝土结构，使用新能源、新材料，不论在陆地还是海洋抑或是其他星球，都可以构建会呼吸的居住环境。

图 1-7 生态房屋

世界经济自工业革命发展至今，尤其是信息技术创新对于工业增长的作用，远远超越了资本和劳动投入的影响，设计创新已经成为人类文明进步与未来竞争的决定性力量。以美国为例，其研究与开发的总支出一直大幅度领先世界其他各国。美国专利商标局每年收到近 25 万项专利申请，2016 年颁布发明专利权证书已达到 303，051 件；有 70% 的经济增长来自于新产品开发；版权产品对国民经济的贡献超过 4000 亿美元，成为美国重要的出口项目。这一切，都是美国工业、经济、国力迅速发展和保持领先的关键因素，也是设计创新促进社会发展的有力说明。

《中国制造 2025》明确了我国建设制造强国的目标。要实现这一目标，必须高度重视创新设计。好的设计不但可以提升产品和服务的品质，提升绿色智能水平，赢得市场竞争优势；还可以创造新需求，开创新业态，开拓新市场，甚至会引发新的产业变革。

（二）产品设计的战略价值

"科技与设计是一个金币的两面"，这是李政道博士对产品价值的完美阐释。企业的成功、社会的发展，秘诀就在于利用好"金币的两面"。在西方发达国家的经济发展过程中，产品设计扮演着重要的角色，各国政府采取的产品设计战略成为工业与经济起飞的助推器。

包豪斯的建设探索为德国战后工业经济的腾飞奠定了坚实的基础，甚至影响至今。英国具有悠久的设计传统，早在第二次世界大战结束初期，英国政府就成立了旨在促进设计水平的英国设计协会（British Design Council），这个政府机构对于促进英国的设计水平起到重要的作用。1982 年英国首相撒切尔夫人曾指出："为英国的企业创造更多的就业机会的希望，寄托于国内外市场成功地销售更多的英国产品上。如果忘记优良设计的重要性，英国工业将永远不具备竞争力，永远占领不了市场。"为此，英国政府对工业设计进行了大量的投资，其中有设计顾问的资助计划和扶持设计计划，并且仅用 3 年时间，在促进本国产品的国际竞争力方面就卓见成效，20% 的产品打入国际市场，6 年的总获利为 5 亿英镑，远远超过政府对此 2000 多万英镑的投资，设计业还成为英国主要的出口业之一。

法国是西方工业设计起步较早的国家，自 20 世纪 80 年代开始，法国政府采取一系列有效措施来扶植工业设计事业。当年密特朗总统决定，首先把他在爱丽舍私人官邸中的古典式家具改为现代样式的家具，以表示对工业设计的重视和鼓励。到 20 世纪 80 年代中期，法国的产品设计逐渐进入国际先进行列，服装、化妆品、家具和汽车等成为其支柱产业。

在 20 世纪 50 年代以后，日本也意识到了工业设计的巨大作用，并把设计作为高技术密集型产业的核心，把产品设计与创新作为日本经济发展的基本国策和战略导向，提出了"科技立国，设计开路"的方针，大力发展工业设计。

韩国在亚洲金融风暴后经济非常低迷的情况下，重视科技和设计的融合，使国家经济很快得到复苏，并用最短的时间创造了具有一定国际影响力的"韩流"，在很大程度上影响着现今市场时尚性产品的风格。

可以说，没有"科技"就没有"设计"，而没有"设计"的参与，科学技术也很难找到与社会的结合点。科技成果要为公众人群所享有，还需要以设计这一载体来加以转化。正如钢筋水泥是科技成果，是生产资料，如果没有设计就不可能转化成为楼房、桥梁、街道，乃至一个城市系统。科技与设计的关系如同一辆战车的两个轮子，只有共同转动，才能快速前进。

（三）企业产品设计战略成功案例

1. 华为手机市场成功与产品设计战略

2017 年 9 月 21 日，"2017 北京国际设计周"开幕式暨颁奖典礼举行，华为手机成为全场的焦点，获得了活动最高奖：北京国际设计周评选的 2016 年"经典设计奖"。"经典设计奖"是北京国际设计周的最高奖项，旨在遴选出能体现"民族精神、国家战略、科技实力、影响深远"的经典设计，树立我国设计风向标，彰显我国设计的价值导向和精神追求。从 2011 年到 2016 年，"经典设计奖"的获奖者依次是：北京天安门观礼台、青藏铁路、红旗渠、大运河项目、中国高铁和华为手机（图 1-8）。

图 1-8　华为手机

作为世界知名智能手机制造商，华为手机坚持了"创新为本"的企业精神，不仅拥有自主芯片，而且专利数独步全球。从 1996 年起，经过 20 年的全球化架构建设，华为的销售网络已经遍布全球 140 多个国家，其海外市场的营收占比更是突破 65%。在全球范围内，华为的品牌知名度达到 64%，成为唯一能和苹果、三星抗衡的我国智能手机品牌，也验证了设计是实现科技成果向生产力转化的路径，充分体现了设计是工业产品"增品种、提品质、创品牌"的核心办法，成为全球高端制造业中最耀眼的中国品牌。

2016 年，华为在研发上投入 764 亿元，研发投入占营收的比例高达 14.6%。十年时间里，华为累计投入 3130 亿元用于研发创新。华为已经在全球建立了 36 个联合创新中心，16 个研发中心，累计获得 62，519 件专利授权，而且大部分是核心专利。这改变了传统我国企业不舍得投入、忽略研发的问题，大大提升了华为的核心竞争力。

华为手机的市场成功，也给我国企业指明一条成功路径，中国制造的转型突破口在于"设计"。2013 年 6 月 18 日，华为终端在英国伦敦举办了盛大的发布会，时任华为首席设计师的尼克·伍德雷（Nick Woodley）发布了当时全球最薄的手机 P6，华为凭借这款以纸为灵感而诞生的设计惊艳的手机，在全球手机份额成功晋升至第三位，品牌也由此导向高端市场。2016 年华为启动全球店面形象升级计划，由华为法国美学研究中心的国际顶尖设计师主导，多家顶级建筑设计公司参与实施。店面整体设计风格为华为品牌注入了更多设计、时尚、人文及艺术元素，不断提升华为品牌在消费者心中的感知性。同时，华为还通过设立海外研究机构，选择海外设计师，协调解决中外在产品生产和检测标准方面所存在差异，并能够沿用国外成熟的系统标准，促进企业更快成熟，与国际接轨。这一切，无不得益于对产品设计创新战略的全方位重视和贯彻。

2. 小米手机与小米生态链

2010 年，小米公司成立，2011 年，小米发布第一款手机，并迅速在四年时间里抢占智能手机市场，做到当时国内手机市场第一。小米手机上市后的 6 年时间里就发布了十余款手机，而每一代小米手机的发布总会伴随有让人眼前一亮的设计，小米手机对于"黑科技"的探索和对于工艺的提升更是永不止步。小米的成功，很大程度上归功于"效率"，这也是其创始人雷军先生所注重的，他认为：国内很多产品做不好的原因就是效率低下，结果就是产品差、价格高，用户不满意……在信息时代，需要用互联网思维去提升效率，比如电商平台减少中间环节，让产品从生产环节直接到消费者手里；选择精品与爆款战略，避免机海战略中研发、生产和营销资源的分散性，并降低成本，这其中小米手机准确的市场定位也起到了关键作用；对于品质的极致要求和关注用户体验，大大减少或消除了售后环节带来的负面影响；等等。由这些可以看出，小米的迅速崛起和在手机等智能硬件产品市场获得的巨大成功，与其创新性的产品设计战略有着密切关系。

除了在手机市场的成功，2013 年小米公司开始投资比较看好的创业团队，也就是用小米的成功经验孵化企业，打造小米生态链（图 1-9）。截至 2018 年底，小米生态链企业数量已超 200 家，硬件产品销售额已突破 400 亿元。小米生态链的阶段性成功，是设计与企业战略的深度融合，也是对信息时代新型产品战略的尝试与探索。这种模式一方面可以整合市场优秀创业资源，以小米本身的方法论、价值观拓展可预期的产品领域，寻找和抢占未来市场；另一方面，巨大完整的产业生态链不但可以使产品系列化、系统化，扩大品牌影响和企业文化传播，还可以助力所在产业领域的发展和升级。

图 1-9　小米手机与生态链产品

小米模式的"效率"所反馈给用户的，恰恰正是更多用户所关注的"高性价比"。而小米生态链产品由于与小米的合作，也无形中等于贴上了"高性价比"的属性标签。这种产品战略为小米及其生态链产品实现了双赢甚至多赢的局面。

参考华为、小米等品牌的发展走向，在中国制造转型变革的未来之路上，用好设计重塑产品价值，重构我国制造行业生态链，才是我国制造企业赢得市场认可的核心关键。

二、产品设计的意义

（一）产品设计的有效作用和积极意义

一个健全的企业赖以生存和发展的方法，就是不断投资于自己的产品开发。对企业来说，产品设计是最方便而有效的工具，它可以把生产和技术最终与消费者联系起来，为企业创造经济效益。

1. 开拓市场与产业优势的获得

企业需要在选定的细分市场中发展可持续性的竞争优势。产品设计一方面将生产和技术转化为适销对路的商品而推向市场；另一方面又把市场信息反馈到企业，促进生产和研发的深入，对潜在的市场或潜在的消费群体进行开拓和探索，形成新概念产品，从而引导新的消费潮流，同时获得和加强市场上持续的竞争优势。

2. 提高品牌效益与企业形象

企业为了在激烈的市场竞争中突出自己，必须树立与众不同的品牌形象。好的设计能使企业在消费者中建立良好的声誉。对于一般用户来说，企业的视觉形象是最直接的，因而也是非常重要的。产品设计对于企业形象的作用在于创造企业产品的识别特征，使其价值形象化地体现出来。在市场竞争中，产品质量是企业成败的关键，"优质优价"是市场竞争的一条原则。但由于相同的技术能被很多公司获得，所以产品的技术质量并不能保证其在市场上的优势。而设计赋予产品的在审美和象征意义上的价值才是使产品畅销、获得用户满意的保障。因此，优良的产品设计就成为提升企业品牌效益与整体形象的关键手段。

3. 促进企业研发能力提升和资源的优化配置

设计是企业中最有活力和最富创造性的活动，在企业中倡导产品设计与创新活动，可以促进企业在技术研发方面的持续投入，对于提升技术研发和革新能力，保持企业整体竞争能力的持久性有着积极的促进作用。同时，企业加大产品设计与技术研发投入，可以降低固定资产和资金、人力投入带来的较大风险，使企业在生产经营活动中始终处于一种最为优化的资源投入配置。通过这种"最佳"的资源配置，帮助企业实现经营目标，使企业永远保持进取精神和活力。

4. 影响劳动岗位和催生新兴职业领域

成功的产品设计和开发可以创造全新的工作岗位，开拓崭新的职业领域。产品获得市场成功，其产量的保证为生产企业和相关环节供应商提供了更多的劳动就业机会。产品设计的持续投入在保证某一领域市场稳定的前提下，维系着相应的劳动岗位。另外，产品设计开发产生的全新市场领域，也会带动某一类职业人群的出现，形成新的职业领域。比较典型的例子如信息时代 IT 产品的不断推陈出新，使信息服务产业的职场越分越细，有的甚至于形成了完全独立的劳动就业体系。

（二）产品设计效益的不确定性

新产品是企业生存的根本，成功的产品设计是企业成长的基础和发展的动力。但是，任何事物都有两面性，产品设计创新也具有风险。创新的特性就是存在着不确定性，包括风险概率、创新进展以及创新经济价值的不可知性。除此之外，新产品的不确定性和不利因素也可能来自政府、企业内部和消费者方面。一般而言，新创意只有非常少数被生产并进入市场，而只有极少数能赚得利润。

另外，信息时代经济与技术飞跃式发展导致的产品制造与生命周期缩短，市场细化，使得产品设计的回报率急剧降低，而产品技术内容和深度研发的成本投入却在悄然增加。产品设计活动中必须懂得选择正确的方向，根据不同情形运用适当的设计方法，深入分析研究与新产品开发设计相关的各种作用与反作用因素，把握全局，对各种力量加以引导与整合，促进新产品的诞生。

第三节　产品设计的风格演变与多元化

一、工业设计时代产品设计风格演变

设计活动赋予产品以美的特征，最终形成特征性形态，即风格和样式，并体现在产品各要素中。具体的设计风格，不是简单的组合或分离的加减关系，而是一种文化存在，是设计语言、符号的使用与选择的结果，同时也是一种艺术形象性的标志。所以产品设计风格既是设计师、企业产品的个性表现，又受历史、社会、人文、科技、经济、环境等因素的制约。

历史上的流行风格，有的盛行于各自形成的时代，也有的衰落后又复苏。如 20 世纪初开始的"自由风格"，20 世纪 20 年代的"装饰风格""国际风格"，30 年代至 40 年代的"新巴洛克风格"，50 年代的"当代风格"，60 年代的"新现代派"、"波普风格"以及"宇宙时代"风格，70 年代至 80 年代的主流是"工业化高技术风格"等。20 世纪 90 年代以后可以说是多元化的设计风格；近年"简约""极简"等曾经的历史风格在信息与智能

技术变革时代又被进一步地挖掘和认知。就技术层面而言，风格的根本变革或"换代"发展，归根结底取决于科学成就和材料工艺的技术进步。

在现代设计潮流中，广为提倡的产品设计风格的塑造是民族性原则。每一个国家、每个民族都有大量自己设计、制造的各类生活产品，这些产品构成了这一国家、民族产品设计的文化，也就是设计的民族风格。现代科技、生活方式、审美意识以及信息流通等因素的高速发展，使各国工业设计的产品造型在很多方面互相接近。材料与加工技术相同，产品功能要求相近，因而出现产品造型差异缩小的现象。但这不等于说产品造型的民族风格就此消失了，产品设计的民族风格是客观存在的，正如一个民族的语言一样，由低级向高级，由简单到丰富，不断更新，才会更丰富、更生动、更富时代气息。

二、影响产品设计的科技因素

现代科技的发展在很大程度上影响着产品设计的面貌。工业革命带来的产业变化催生了工业设计行业，并使其与科学技术的任何进步都密切相关，无法分开。科技的不断发展推动着产品的更新换代，这种推动与影响，主要表现在以下几个方面。

（一）新技术的出现引起的产品变革

从商业角度而言，产品设计对于每一种新技术都会尽快采用，比如石英数码计时技术和液晶显示技术发明后，20世纪70年代被广泛应用到钟表设计上。但由于人们对于指针显示的习惯意识，企业与设计师重新研究产品发展方向，最终形成了一种外部是传统指针显示、内部结构采用石英数码技术的结合方式，从而取代了单纯的机械钟表和数码式液晶显示技术。

再比如，微处理器的出现，使得一些产品部件体积几乎可以小到忽略不计，产品微型化得以顺利实现，形态也不再受组成部件的限制，外观变得更加多样化，设计师可以发挥的空间和尺度明显增加。微型化同时也使一些产品的制造成本和销售价格大幅度下降。

（二）材料与工艺技术影响和制约产品设计

生产方式往往决定设计式样，材料及其加工技术的变革是产品设计的重要发展依据之一，其中典型的例子是塑料的发展和广泛应用。塑料的发展突飞猛进，特别是聚氯乙烯、ABS这类材料的发明和在工业生产中的使用，对产品设计形成了很大的影响和推动。

科学技术的发展、材料科学的进步、加工技术的提高以及设计手段的更新，这一系列因素，对于产品设计的进一步完善起到了非常重要的促进作用。随着现代科学技术的加速发展，工业产品设计和其他现代设计领域会有更加巨大的进步和改变。图1-10所示的座椅设计，采用"通感"设计表达方式，将金属材质赋予塑料膜视觉感受，增加了操作的趣味性。

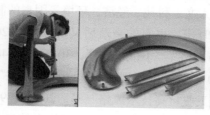

图1-10 新材料的设计探索

（三）信息技术发展缩短产品设计周期，完善设计表现

随着互联网的广泛应用，信息交流快速便捷，信息量不断增大。一般性的调查研究工作可以在很短的时间内完成，而信息与资料的方便取得，也大大改变了设计的整体实现形式。一个独立的设计师只要有计算机和相关设备，就可以在任何场合完成一定的设计工作。尤其是近年各种快速原型技术的发展与成熟，使经营决策、设计制造和生产管理有机地结合为一个整体，高度简化了产品设计的程序，缩短了开发周期。

另一方面，人机交互与虚拟现实（VR）技术在 CAD 中的应用，在设计师和计算机之间创造了一个崭新的人机界面。单一视觉上的计算机界面开始向多模式的互动界面转换，通过语言、动作或视线的移动即可达到控制计算机的目的，从而使操作更自然。这些变化正在逐渐消除物理界面的存在，为产品设计师提供了更多的自由空间和表现手段。

三、多元化风格的产品设计

20 世纪 50 年代，从战前德国发展出来的现代主义成为西方国家设计的主要风格，现代主义风格与功能主义一脉相承，都具有形式简单、反装饰性、强调功能、高度理性化和系统化的特点，并在 50 年代至 70 年代之间风行一时。随着市场经济的发展和电子信息时代的到来，功能主义出现危机。设计中要综合传统、美学和人机工程学等多方面内容，考虑文化、心理及社会等因素，而不仅仅是使用功能，更多地将高技术与高情感紧密结合起来。新一代的设计师开始向功能主义提出挑战，从而开创了工业设计理念和风格走向多元化的进程。

（一）理性主义与"无名"设计

随着技术越来越复杂，要求设计越来越专业化，产品的设计师往往不是一个人，而是由多学科专家组成的设计队伍。设计一般都是按一定的程序以集体合作的形式来完成，这样个人风格就难以体现于产品的最终形式上。强调设计是一项集体活动，强调对设计过程的理性分析，而不追求任何表面的个人风格，体现出一种"无名"的设计特征。理性主义试图为设计确定一种科学的、系统的理论，即所谓用设计科学来指导设计，从而减少设计中的主观意识。

图 1-11 中的索尼 CD 机、B&O 音箱等产品，精良的产品设计并没有丝毫设计师的个人痕迹，而是更多突出企业集体创造的形式并加以集中体现，使产品的设计活动集体化。"无名"设计意味着减少设计师个性风格而突出企业产品的总体特征，这对于树立企业统一的产品形象和提高设计效益有很大促进作用。

图 1-11　多元化发展的产品设计风格——理性主义与"无名"设计

（二）高技术风格

科学技术的进步不仅影响了整个社会生产的发展，还强烈地影响了人们的思想。高技术风格正是在这种社会背景下产生的。

工业设计上的高技术风格这一词最早出现于祖安·克朗和苏珊·斯莱辛 1978 年的著作《高科技》中，特指两个不同层次的内容：一是技术性的风格，强调工业技术的特征；二是高品位。其特点是运用精细的技术结构，非常讲究现代工业材料和加工技术的运用，以达到具有工业化象征性的特点，也就是把现代主义设计中的技术成分提炼出来，加以夸张处理，以形成一种符号的效果。高技术风格首先是从建筑设计开始的，英国建筑家里查·罗杰斯设计的法国蓬皮杜文化中心就是典型的例子。受到建筑上的高技术风格影响，一些产品设计也出现了明显的这种风格倾向。由于过度重视技术和时代的体现，把装饰压到了最低限度，高技术风格显得冷漠而缺乏人情味。也正由于此，一些设计师开始致力于创造更富有表现力和趣味性的设计语言来取代纯技术的体现，由高技术走向高情趣。图 1-12 所示的几款产品，虽留有高技术风格的影子，但由于加入了更多富于变化的曲线和色彩装饰，使产品在体现高度技术性能同时不失趣味性和人性化。

图 1-12　多元化发展的产品设计风格——高技术风格

（三）后现代主义

所谓"后现代"并不是指时间上处于"现代"之后，而是针对艺术风格的发展演变而言。其核心思想是"兼容并蓄"，把历史传统、装饰象征和大众口味等现代主义所排斥的问题重新奉为设计的准则。图 1-13 所示的灯具与家具设计，用大量符号化、象征性的新奇形态，曲折再现历史文化或某种装饰手法。在数字时代技术的革新急剧变化的情况下，人们对于过快节奏的回避和全新设计语言的探索思考，使得后现代主义式的设计形式广为流行，并且逐渐融会吸收了现代主义的精华核心内容，在设计领域中占据了一席之地。

图 1-13　多元化发展的产品设计风格——后现代主义

后现代主义虽然大量运用装饰主义来达到光彩夺目的效果，但是，其核心内容依然是现代主义、国际主义设计的架构，是建立在现代主义设计的构造基础之上，只不过是给设计对象加上一层装饰主义的外壳。

（四）减少主义风格

减少主义风格可以看作是后现代主义的一个分支，也可以视为现代设计发展到一定阶段的螺旋式的上升回归。减少主义风格在 20 世纪 80 年代开始兴盛，特征是一种美学上的追求极致，与现代主义强调的功能至上原则很是相近，但在形式语意上却是以一种全新的面貌展现了时代性的特征。

当代比较重要的减少主义设计团体是宙斯设计集团，该集团于 1984 年成立于意大利的米兰，从事减少主义风格的探索。减少主义设计的代表人物当推法国设计家飞利浦·斯塔克，他的设计，既不同于现代主义的刻板，也不同于后现代主义的繁琐装饰，具有现代与时髦兼备的个人特色，他的作品得到现代人群广泛的喜爱，如图 1-14 所示。

图 1-14　减少主义设计风格

（五）人性化设计风格

人性是人的自然性和社会性的统一。在设计中使用"人性化"这一概念具有其特定的内涵和外延。在设计文化范畴中，"人性化"是以提升人的价值，尊重人的自然需要和社会需要，满足人们日益增长的物质文化的需要为主旨的一种设计观。从本质上讲，在产品塑造过程中，任何观念的形成也都是以人为基本的出发点，倘若忽略了物与人的关系，设计就会迷失方向。人性化设计的观念就是强调工业设计要以人为中心，努力通过设计活动来提高人类生活质量，要始终把人的因素放在首位。

当社会经济发展处于较低水平时，人们对设计物的要求是简单而实用，除此以外别无他求。而当社会经济水平达到一定程度时，消费者就会对设计物产生更高的要求。第二次世界大战后的 20 世纪四五十年代是世界经济的恢复期，物质匮乏，工业设计便遵循简洁、实用、耐用的原则，少花哨和虚饰。经过六七十年代的经济快速持续发展，社会物质财富急剧增加，许多国家进入了丰裕社会时期，久压在人们心中的那份心理的、精神的欲求便逐渐爆发出来。人们对设计物的要求变得挑剔、苛刻，不仅是满足人生理的需求，而且要满足人心理的需要；设计不仅要实用、适用，而且要在设计中赋予更多审美的、情感的、文化的和精神的含义。因而 20 世纪八九十年代设计的人性化趋向便是水到渠成、顺理成章，如图 1-15 所示。

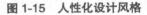

图 1-15　人性化设计风格

思考题

　　1-1　结合所学工业设计发展史方面知识，梳理产品设计对象范畴的变迁演化。当下的"产品"又该如何理解？

　　1-2　定位家具、消费电子产品、交通工具（或其他）2~3 个产业领域，列举其产品设计战略的作用和价值体现。

　　1-3　如何认识企业形象、产品风格和潮流时尚之间的设计协调？请列举在这方面做得比较成功的代表性企业与相关设计实例。

产品设计
活动组成与影响

第二章

> 通过对本章的学习，掌握产品设计活动的基本内容，其中包括企业进行产品开发的定位、产品设计的主要种类形式以及基本组成要素，了解产品设计与企业、科技、文化之间的互动发展关系，并能够对未来产品设计领域主导理念的发展趋势有一个基本认识。
>
> 本章内容中第一、二、三节以教师概要讲解为主，第四、五节侧重以学生阅读准备，课堂教师引导讨论的模式进行深入学习；思考题建议任课教师布置前有研讨提示，在学生完成后有交流点评。

第一节 产品设计定位与类型

每件产品设计开发工作的定位必须准确，这对后期的设计实施能否顺利实现起着关键的引导作用。

一、产品设计的两种方式

人类的创造活动不仅意味着造物的构想、计划和发明，也包括在某一造物基础上的优化、改进和取代。进一步讲，产品设计可以通过发明设计与改进设计两种方式实现。从一个产品的发展过程看，都经历过创造和改进两个阶段，它们共同构成了产品形成和发展的全过程。

第一阶段是产品的创造性设计阶段，多是由科研成果的"可能性"引发，这对新产品的出现和形成起着决定性作用，典型例子如早期的蒸汽机车、留声机、自行车等。这一阶段开发设计所提供的常常是产品的雏形，相对于不断提高的人类需求，往往显得不成熟或不理想，有待进一步完善。

第二阶段即产品的改进性设计阶段，是产品的完善发展阶段，也就是设计行业中所说的"迭代"。它是以第一阶段的产品雏形为基础，根据时代的要求，用新的观念和方法，对老产品进行更新，赋予其更具生命力的内容。因此，改进设计对产品的发展、完善具有更大的作用和意义，有时必要的迭代也是企业产品效益和品牌影响提升的有效手段。

一种产品往往只经历一次创造性开发，但必然会经历多次甚至无数次的"迭代"。在实际设计工作中，改进性设计开发也是工作人员的主要工作内容，占据了他们的大量精力。

二、产品设计定位

随着时代发展与科技进步，人们要求消费的是具有更多智慧价值的产品。开发和生产新产品会给企业带来新的生命活力。现代企业制造产品的着眼点，已不是在数量上下功夫，而是更多着眼于不断开发符合时代要求以及消费者心理需求，具有新技术、新式样与新格调的产品。基于此类原因，产品设计定位大致可以分为三个方面。

1. 工具性设计

工具性设计主要是指对作为工具使用的产品的设计。产品在本质上是为人类生活提供各方面服务的工具。从功能的角度可以形象地说，工具是人体器官的延长，工具使人的各器官功能得以加强、延展或完善，产品要满足人们对使用功能的要求。如产品的操作是否方便，能否提高工作效率，维修、运输是否方便，是否安全等。图 2-1 所示的家用开瓶器是用来撬开玻璃瓶口封盖的专用工具，在开启瓶盖的同时，瓶盖滑入其底部。充满趣味的开瓶方式以及对瓶盖的方便存储，赋予了简单产品高品质的设计内容。

图 2-1　家用开瓶器

另外，某些工具性产品为了解决使用的舒适性、安全性以及与发展中的生活品质相适应的更加完善的功能性，也不断地进行更新和设计改进。如图 2-2 所示的几款产品，吹风机的功能形状和比较长的电线是设计改进要重点解决的问题，设计中预留的电缆缠绕空间和可以旋转 90°的手柄，都极大地提升了产品的整体品质；图中的磨蒜泥工具，把去皮的蒜瓣从把手末端放入，握住把手在某处滚动使圆轮旋转，就完成了研磨的过程，方便快捷，其色彩设计也为厨房工作增添了亮点；打蛋器设计则兼顾了不同使用方式，使搅拌器和漏勺完美结合，只需要轻轻转动把手，就可以在搅拌器和漏勺之间自由切换，非常的方便。

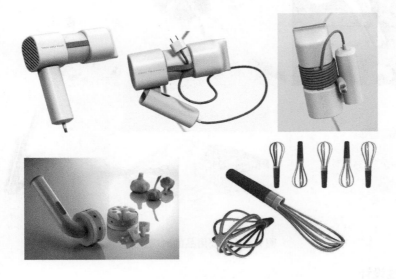

图 2-2　工具性产品设计

2. 时尚性设计

时尚性设计主要指追求新潮、流行性的设计，是在保证产品物质功能基础上，侧重精神功能所进行的设计。工具性设计所提供的使用功能主要针对人们在生理上的需求，而时尚性设计则是侧重满足人们在心理上的需求，用整体视觉形象激发人们某种生活方面的情趣，或引起人们工作时的愉悦感。时尚性设计同时也是时代流行审美的物化体现。图 2-3

所示是一款家居产品，其仿生的外形容易让人联想到水滴或是树叶，体现了产品趣味性特征；悬挂的视觉感受，给使用人群带来非静态的心理体验。再如图 2-4 所示的办公用品设计，通过大限度改变传统外观，增添了其在使用中的娱乐性、时尚性，使得日常用品在获得更多市场生命力的基础上，还具有了一定的收藏价值。

图 2-3　家居产品

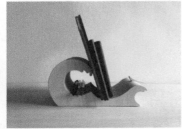

图 2-4　办公用品的时尚造型

3. 制约性设计

制约性设计是指在产品设计开发中受生产技术、开发成本及经营销售等方面因素制约的设计。产品在开发设计的两个阶段都会不同程度地受到生产技术、开发成本及经营销售方面的制约与影响。根据产品、市场和技术条件的不同，选择适宜的开发方式，是解决制约性设计的主要途径。超越制约条件去进行产品的设计开发，往往会给企业带来较大的风险。

图 2-5 所示三例音箱品牌分别是 B&O、哈曼卡顿和罗技，是针对不同人群，在不同的技术、资源投入情况下研发推出的，品质自然形成了定位性的差别：B&O 侧重个性和

高端用户，哈曼卡顿面向大众用户中的相对高端人群，而罗技则倾向于普通大众的需求。

图 2-5 制约性的设计

不同使用者对各类产品有着不同的功能要求，就使得产品开发的三个定位点在每一项具体的产品开发中都不可能等同对待，而往往是要侧重某一方面。以自行车的开发改进历程为例，早期的普通自行车作为交通代步的工具，侧重使用功能，设计定位更多围绕骑行性能和安全性能；经过相当长的技术变革发展，其各方面技术已成熟完善，并且随着生活水平的提高和个性化需求的兴起，自行车的设计开始向时尚性转变，定位开始集中在外形新颖性及色彩时代感等方面，使目前的自行车成了某种时尚性的个人情趣象征。

三、产品设计的三种类型

产品设计的对象与范围极其广泛，在不同时代、不同技术条件和社会时尚影响下，会形成不同风格、不同方向的产品设计，也可以根据不同的标准做相应的分类。以对产品设计的最终定位为依据，可将产品设计大致分为式样设计、方式设计和概念设计三种。

（一）式样设计

式样设计是短期、折中过渡的一种设计形式，是在现有技术设备、生产条件和产品概念基础上，研究产品的使用情况，如安全可靠性和舒适性；研究现有生产技术和材料、新材料和加工工艺；研究消费者及消费市场，来设计新的产品款式，或对旧有的产品进行改进。

式样设计在企业产品设计中较常见。在激烈的市场竞争中，企业新产品开发周期越来越短，使得产品的改良性式样设计发挥了很重要的作用。并且，这种改良性设计量的积累也会在一定程度上实现质的飞跃，并为开发产品新概念和新方式的设计打下良好的基础。

优秀的式样可以使技术性能相近的产品产生突出的市场效益。图 2-6 所示是一打字机在式样设计前后的情况。经过设计师改良式样后的打字机在造型上更具整体性和流畅性，舒适的操作界面大大提高了打字效率，加上高品质的色彩修饰，一经推出，便在市场销售上获得了很大的成功。又如图 2-7 所示的 Sailing 超薄小便池获得了 2018 年德国红点奖"最佳设计奖"，设计灵感源自航行中的"帆"，外观上采用一体流线造型，无死角设计，方便公共场所清洁，有效防止细菌滋生。简洁的扇形挡板设计，配合 35° 斜角安装，有效保护个人隐私。此类设计都是在原有功能产品基础上进行形式革新和功能完善，配以极简的造型与极致的质感，以适应时代发展中人群需求品质提升的要求。

a) 式样改良前   b) 式样改良后

图 2-6　打字机的式样改良设计

图 2-7　卫生器具的新式样设计

（二）方式设计

所谓方式设计，其目标往往不在产品上，而是关注于人们生活方式的改变和引导。方式设计总是将重点放在研究人的行为与价值观念的演变上，研究人们生活中的种种难点，

图 2-8　未来交通

从而设计出全新产品，也进而开拓出一系列划时代的生活模式。比如福特 T 型车的问世，使美国人的生活方式发生了根本性的变化：生活节奏加快，工作效率提高，甚至居住地也变得分散、遥远，这也成为当时社会进步的象征。发达城市私家车的普及，改变生活方式的同时，也带来了环境和交通问题。图 2-8 所示是一款双人座的空中出租车，由德国无人驾驶机公司 Volocopter 研发，采用纯电力驱动，装有 18 个圆形螺旋桨，最高速度约 100km/h，续航能力可达 30min 或 50km，配有两个座位，还能装下一件小行李，安全配置包括了备用电池、备用螺旋桨以及两具降落伞。乘客只需在智能面板上输入目的地，便可经由地面指挥中心通过网络遥控监测飞机抵达目的地。

方式设计有时也可以表现为用新方法解决旧问题或已有的需求，使之更完善、更理想。图 2-9 所示的自行车锁、瓶盖、曲线衣架，都是通过设计的突破，在相应产品领域内形成了全新的产品内容和使用模式，对于改变某些固有产品的使用方式起到了极大的推动作用，也为人类的高品质生活、工作和娱乐提供了更为理想的选择。

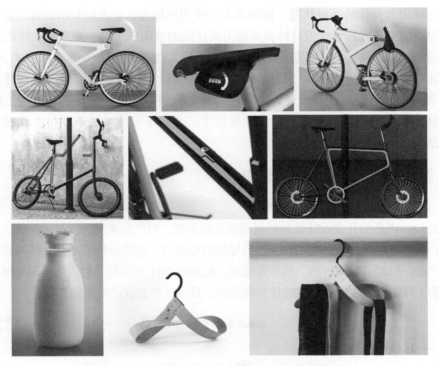

图 2-9　改变生活方式和使用方式的产品设计

（三）概念设计

概念设计，是一种着眼于未来的开发性构思，从根本概念出发的设计。概念设计是企业在市场调查、理想化预测、实际分析之后，提出与原有产品有较大差别的"新概念"产品的设计。图 2-10 所示的导航手杖、盲人手表、发光手表和双头冷热水龙头等都属于概念设计。

图 2-10　概念设计产品

概念设计在进行阶段，往往要排除设计师个人的偏见与癖好，避免被先入为主的观念支配，也不必过多考虑现有的工程技术条件和生产用原材料等条件。尽可能客观地、理想化地考虑各种问题，如产品与实际使用者之间的关系，产品实际使用者的生理心理条件，实际使用时产品与使用者身体的接触状况，使用者实际使用环境等，来进行分析研究，以利于设计师创造性思维的充分发挥，在设计师预见能力所达到的范围来考虑未来产品的使用及形态。

对概念设计的理解，也可以从技术方式和产品文化两方面去考虑。从技术方面考虑，很多新技术、新发明的产生会促发更多优秀的概念设计；从文化方面考虑，往往是以一种新的"概念定名"来引导产品设计，给新产品一个恰当的定位和名称，从感性上激发消费者的购买热情。一个全新的概念设计往往集技术、文化于一体，从不同角度反映着对人类生活的创造性和引导性。

四、产品的开发设计过程与机构

（一）产品开发的一般过程与机构

简单地说，产品的开发设计就是根据消费者的需要，对产品概念进行策划构思，并做出功能、结构、材料、工艺的选择和组合，然后运用视觉语言，创造出物质功能和精神功能高度统一的工业产品。根据"适销对路"的开发原则，按照图 2-11 所示的一般程序，科学地划分产品设计开发的工作阶段，明确各阶段的任务和要求，是保证产品设计质量的关键。

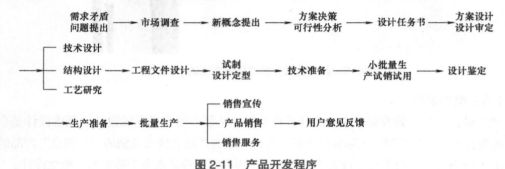

图 2-11　产品开发程序

根据以上开发过程和工作内容，企业可建立与图 2-12 所示环节相对应的机构。

（二）以"消费者为中心"的整合产品开发

1. 设计开发与企业生存

产品设计是一个创造、发展、优化产品功能、价值或外观特征的服务活动，并由此使生产者和用户双方受益。在 21 世纪数字科技及其构成的生活环境中，企业成功的关键不再是有大量的生产工人和机器，而是需要依靠设计师、营销专家、财务专家等知识工作者的努力，捕捉并满足世界范围内市场与顾客的不同需求。特别是对市场已趋于成熟的产品，更需不断地求新求变，寻找新的

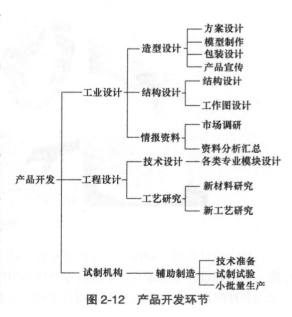

图 2-12　产品开发环节

产品概念和让消费者兴奋的新鲜卖点。

在现今市场竞争日益激烈的情况下，要求产品的功能变化越来越多，体积变化更为自由，对产品的多样化的需求也越发强烈；而产品生命周期却在快速缩短，由此使得企业开发产品的风险也明显增大。产品开发成败将取决于产品策略提案的准确性以及产品设计开发工作的效率。在设计工作的执行上，更应重视对能否充分发挥人类创造力的设计管理。过去单线式的产品开发模式已经不能适应日益激烈的市场竞争，设计已不仅仅是设计师或设计部门的工作，而是关系到企业发展策略和市场策略的大事，所以需要各个部门的专业人员以消费者为中心进行整体配合与协作，如图 2-13 所示。

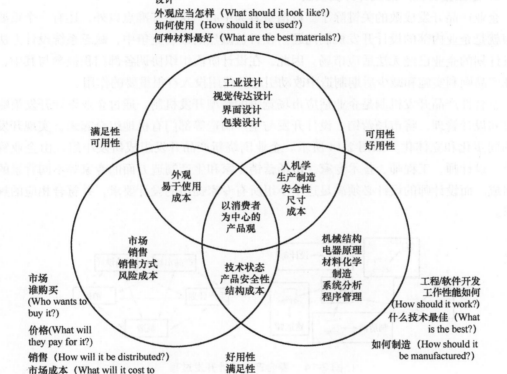

图 2-13 企业中的产品开发

2. 以"消费者为中心"的思考模式

（1）明确"消费者为中心"设计观念　了解消费者怎么想、怎么说和怎么做，对于产品设计开发至关重要，它是设计开发前定位产品概念的依据。一件产品的开发是否体现了消费者真正的需求？是否易于使用，操作安全、方便？是否具有消费者真正想得到的特点，物有所值？工业设计、工程制造和市场营销都必须为这一基本要求服务，从各个方面进行协调，最终满足消费者的需求。

（2）以"消费者为中心"开展设计　从消费者的利益和角度出发，研究什么才是消费者的需求。由于设计开发人员在工作中的注意力集中于所设计的产品对象，受主观因素影响较多。但使用者关注的是产品在广泛的生活活动中能带给自己的健康（泛指积极、良好）影响。这两者之间的错位会造成产品开发的偏差。为了解决这一问题，首先，要在设定概念阶段运用换位思考的模式，尽可能多地设身处地为消费者着想，与消费者交流，深入研究了解消费者的需求与产品属性，以人机工程学的试验探索操作界面的改良，以创新的手法来寻找并满足消费者的潜在需求，等等。尽可能使产品概念具体化，细化设计定位，使参与产品设计开发的各专业人员都理解认同。其次，在产品开发的各个阶段让消费者参与其中，使消费者的建议直接影响开发团队，减少设计中的主观臆断，以便方案的修正。

3. 建立整合性产品设计开发机制

企业产品开发成败的关键除了"以消费者为中心"这个基准点以外，还有一个重要的内因就是企业内部的设计开发机制问题。在日益激烈的市场竞争中，缺乏系统设计方法和开发计划的企业已经无法适应市场。因此，在设计阶段组织协调各部门积极参与其中，对保证产品顺利实施和减少后期制造中改动引起的费用投入有很重要的作用。

整合性产品开发机制是企业适应市场竞争的新型开发机制。通过企业设计开发策略的制订和设计管理，将市场营销、设计开发与生产制造等部门有机地组合起来，实现开发过程的同步化和立体化，如图 2-14 所示。企业围绕新产品开发组成研发小组，由企业管理人员、设计师、工程师、技术专家、市场营销专家和生产制造方面的专家等不同背景的人员组成。而设计师的设计必须满足这个小组所有专家提出的设计要求，并符合相应的规范要求。

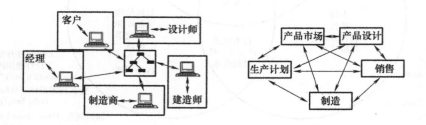

图 2-14　整合产品设计开发过程

第二节　产品设计的要素

产品设计涉及众多要素，在设计中如何协调诸多要素的关系，是产品设计的关键所在。所以，如何确定要素内容，是整个产品设计活动成功与否的重要组成部分。在进行产品设计过程中，并非只要考虑一种要素，而是要考虑很多要素之间的综合关系。产品设计的各种要素可以归纳为人、技术、市场环境和审美形态四大要素，如图 2-15 所示。

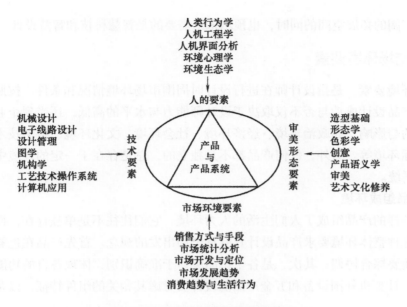

图 2-15　产品设计四大要素系统

一、人的要素

人是产品设计中最基本的要素，是产品设计活动得以形成与实施的关键。它既包括人的心理要素，如需求、价值观念、行为意识和认知行动，也包括人的形态与生理特征等生理要素。可以通过人体计测、人机工程学的生理测定等方法取得设计需要的人的生理要素系统数据，这些数据是产品设计过程的分析综合化阶段所必须考虑的事项。人的心理要素是设计目标阶段应考虑的问题，但很难像生理要素那样可以定量测量。

产品设计要素以人为核心，具体体现在设计出的产品要满足人的要求。随着人类需求的提升变化，作为其认知表现的价值观念也会随之发生变化。对于产品设计师来说，设计什么，怎么设计，首先要考虑和了解人们的价值观念，这决定了如何定位产品。因此，对于人的生活基础研究是很有必要的。同时，这些定量的、感性的和模糊的需求并不是市场营销学的数据调查一类方法所能解决的，必须用产品设计师特有的技能和敏锐洞察力去感知和了解。

二、技术要素

技术要素主要是指进行产品设计时必须要考虑的生产、材料与加工工艺、表面处理手段等技术问题，是使产品设计构想变为现实的关键因素。在现阶段，科学技术发展为产品设计师提供了大量创造新产品的可能条件，产品设计也使无数的高科技成果转化为具体的功能产品，以满足人们不断发展的各种需求。

人类进入信息时代，技术开始从肉眼能见的方面转向肉眼看不见的方面，这更显示了设计的重要性。传统机械技术时代的"功能决定形式"的理论开始不再适用，科技在赋予设计更为广阔的拓展空间的同时，也预示未来需要的是智慧科技和智慧设计。

三、市场环境要素

市场环境要素，是指设计师在进行设计时周围市场环境情况和条件。按照系统论的设计思想，产品设计成功与否不仅取决于设计师能力与水平的高低，还受到企业和外部环境要素的制约与影响，如政治环境、经济环境、社会环境、文化环境、科学技术环境、自然环境和国际环境等。另外，任何产品都不是独立的，总是存在于一定的环境中，并参与组成该环境系统。

1. 产品组成环境

各式各样的产品组成了人们生活的人为环境，它们往往不是单独存在，而是成套、成系列的。这种整体环境要求产品设计具有从全局出发的观念。首先产品在色彩、形态和时代感等方面要综合协调；其次，是各个产品应易于准确识别，体现各自的功能特点。如图2-16所示，计算机外围设备和五金产品的设计要考虑其相关的组件特征，以及整体使用的环境特征。

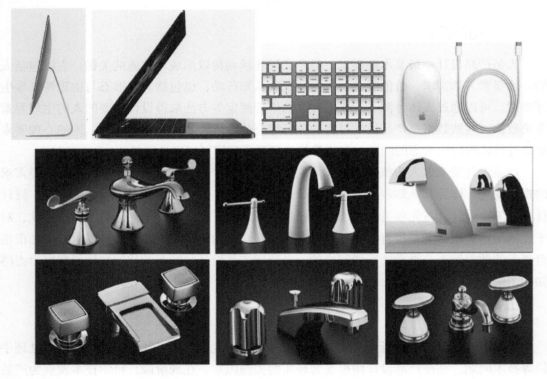

图 2-16　产品各组件的协调一致

另外，产品总是存在于特定的环境中，只有与特定的环境相结合才会具有生命力。同类产品的设计重点，可能因使用环境的不同而有明显区别。如图2-17所示的座椅设计，家居环境中的椅子要温暖舒适；办公用椅要大方简洁，有利于提高工作效率；而快餐厅、公共休憩处为加快人员流动，椅子不宜设计得过于舒服。

a) 家居环境用椅

b) 公共场所用椅

c) 餐饮场所用椅

d) 办公用椅

图 2-17 同类产品在不同环境中设计侧重点不同

2. 产品设计与自然环境

现代设计一味盲目地求新、求异、求变化，最大限度地刺激消费，严重破坏了生态平衡，是现代工业"文明"悲剧的根源。未来的产品设计应该有新的伦理规范，避免或减缓这种悲剧的发生。设计的重点将是最大限度地节省资源，减缓环境恶化的速度，降低消耗，满足人类生活需求而不是欲望，提高人类精神生活质量，"生态设计"概念便由此而产生了。运用生态思维，将产品设计纳入"人 - 机 - 环境"系统，既考虑满足人的需求，又要以注重生态环境的保护和可持续发展为原则，对人友好，对环境也友好。

四、审美形态要素

美可以唤起人的心灵和精神共鸣，给人感官以愉悦。从这个角度去理解"形态"，包含了两层意思。所谓"形"通常是指一个物体的外形或形状，而"态"则是指蕴含在物体内的"神韵"或精神"势态"。审美形态是物体的"外形"与"神韵"的结合，是将某种"神"的精髓融入产品外在的"形"之中。

形态离不开一定物质形式的体现。早期机械时代由于技术的"可见"性，导致"形态服从功能""少就是多"式"盒子形态"的盛行，而随着数字时代技术"不可见"性和加工制造新技术的出现，产品的审美形态也向强调物质与精神并重的"功能服从虚构""意味设计"的方向转变。如图 2-18 中的水壶和座椅，一种功能简单的产品通过不同的审美形态设计，表现出丰富的精神内容和审美倾向。

a) 水壶的不同审美形态

b) 座椅的不同审美形态

图 2-18　产品的审美形态

审美形态的多元化，并不是无法实现其优劣区分。审美形态评价标准应由认知性、整体性、拟人性所形成的形式美学和实际操作所得到的经验法则组成，总结起来有以下共同特征：

1）产品整体形态与环境的和谐关系，其造型、色彩和材质所表现出产品的价值。

2）整体形态是否清楚表达产品的功能，是否符合其操作要求。

3）产品的形态是否具有刻意性，能表达明确的结构和造型原则。

4）形态能否激起心灵上的共鸣，能否引起使用者的兴趣、好奇和愉快的感觉。

5）形态塑造的材料选用上，要考虑在生产和报废处理时对生态环境的影响。

第三节　产品设计与企业、科技、文化

现代文明与经济的振兴，无一不是以科技为先导，然而科技对人类社会产生影响和推动经济快速发展，却是通过设计活动去实现的。技术本身并不能直接表现出其价值，技术的价值只能以商品的形式表现出来。因此，企业只有以市场为导向，围绕新产品的设计开

发转化新技术成果，才能不断提高经济效益和企业实力。

一、企业中的产品设计活动

（一）企业中树立产品设计观念和意识

1. 产品设计是科学、是生产力

产品设计是科学、是生产力，是新生活方式的创造，是科学技术的全面物化，是材料、技术、工艺和时代审美与伦理准则统一的有机结合，而决不仅仅是产品表面上的装饰和美化。

2. 产品设计是一种新的管理方式

产品设计是现代企业重要的工商活动形式，设计左右产品的开发方向和市场导向。企业决策者应具备设计师的素质和眼光，拓新观念，树立产品设计的管理意识，确定企业发展中产品设计开发的新型思维模式。

3. 工程师与设计师的有效合作

充分认识设计师、工程师之间的区别和他们各自的职能范围。如图 2-19 所示，设计工作不仅是对造型、色彩、线条的调配和处理，更重要的是系统考虑与生产者和消费者利益有关的结构和功能关系。设计师所关注的主要是物与人的关系和产品与市场的关系，而工程师的主要职责是提供技术和工艺上的保证以及基础技术的研究。

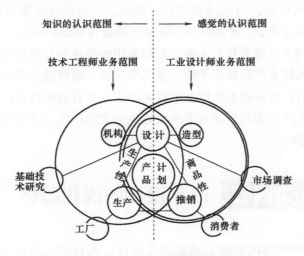

图 2-19　设计师与工程师的职能划分

（二）企业中的设计组织

现代企业为了满足市场对产品多样化的需求，就得不断地进行组织上的改革，时刻完善自己的运行机制。企业只有把优秀设计师组织起来，有效地发挥人的智能和集体优势，才能缩短达到目的的时间；设计师只有被组织在企业内部稳定的岗位上，才能有秩序工作并充分发挥其作用。但是，由于企业里的设计师长期在行业内工作，很可能形成思维的条框和局限性。因此，在企业与市场之间，需要有一个中间环节去解决这一问题，这个中间

环节可以理解为自由设计师组织的设计活动，企业对外的设计服务以及企业之间的设计交流、协作等。

二、产品设计中的文化与科技

当代文化，首先是设计的文化。设计文化与科学技术共鸣，将强有力地推进科技成果的商品化。设计决定着商品的市场占有率，决定着科技的商品化程度和对经济增长的贡献。

（一）产品设计中的文化因素

自古以来，人们创造的各种产品无不打上文化的印痕。以陶瓷为例，从魏晋南北朝时的"青瓷"到隋朝的"白瓷"，从唐宋时精心设计的"三彩"到明清之际的彩绘陶瓷，都体现了我国古代不同时期的文化特征和文化流行风格。

产品设计作为一种文化显示，使各国的设计都凝聚着属于自身民族的文化传统，同时又贯穿着属于不同时代的流行风貌，形成一种融合性的文化潮流。人们消费观念的变化，已纳入文化价值观的变化范畴之中，人们对产品的选择往往表现出其社会地位、文化修养、审美意识和感情色彩的特征。

（二）产品设计中的科技因素

当前，科技已经成为人类社会存在和发展的决定性因素，先进的技术需要通过产品设计来实现向商品的转化；新产品又对科学研究提出了新要求，进一步推进技术革新。由此，产品设计必须面向市场，与经济相结合。因此，产品设计师要有广泛的工程技术经验，并充分理解时代信息背景，才能胜任不断变化的设计创造活动。

另外，技术美不同于自然美和艺术美，它以实用价值作为自身存在的前提。但是，实用并不等于审美，任何技术产品如果单纯注重物质功能，最终就会成为科技原理的简单物化，而谈不上设计创造，更体现不出应有的技术审美。只有向高技术注入高情感，把新技术融入新潮流，设计生产出满足生活水平高质量化要求的产品，才会得到社会的认可，并具有广泛的生命力和影响力。

第四节　产品设计的现代趋势

工业设计在百余年时间内经历了功能主义设计、流行款式设计和以人为本的设计，直到今天的可持续设计、服务设计，产品设计师的角色和地位也随之发生了相应的变化。在大批量生产时代，设计师所要做的工作主要是为了降低成本、迎合市场；当市场需求出现饱和时，设计师即扮演刺激消费和加速市场竞争的角色；而当人们的需求由"数量"转向"质量"时，设计已超越了单一的造型功能而成为企业赢得市场的战略手段和工具，产品设计活动也随之成为企业市场战略和社会发展进步的一个关键组成部分。

一、绿色设计

绿色设计与常说的生态设计概念相同，源自人们对现代技术所引起的环境及生态系统破坏问题的反思，体现了设计师在设计时对道德和社会责任心的重视。绿色设计的基本思想是：在设计阶段将环境观念纳入产品设计中，将环境性能作为产品设计目标的重要组成因素，力求使产品对环境的影响最小。它的主要内容包括：产品制造材料选择和管理、产品的可拆卸性和可回收性设计。

绿色设计涉及的领域非常广泛，也是现今设计领域的国际流行趋势。绿色设计可应用在交通工具、家用电器和家具等的设计上，特别是对交通工具（汽车）的绿色设计备受设计师的关注，因为交通工具是空气和噪声污染的主要来源之一，同时也消耗大量的宝贵资源。绿色设计将成为今后产品设计发展的主要趋势之一。废弃物回收再利用

图 2-20　废弃物回收再利用设计

曾是绿色设计的典型方法，图 2-20 所示是斯塔克设计的 Zartan 椅，整体以环保为核心，椅子采用回收的聚丙烯再混以大麻纤维压制形成。又如图 2-21 所示的几款模块化、节约型和可重复使用的产品设计，都是绿色设计理念应用的典型案例。

图 2-21　绿色设计产品案例

二、仿生设计

仿生设计也是当今国际上的流行设计趋势，是把研究生物的某种原理作为向生物索取设计灵感的重要手段。仿生设计往往可以打破常规思维，获得意想不到的创新结果。产品形态设计与其功能、结构、材料和机构等因素密切相关。自然生物有着丰富多彩的外形、巧妙的结构，在产品设计过程中，要善于观察、提炼和变通，把生物的优点、特征转为设计所用，这也是仿生设计的目的所在。在产品设计中，仿生设计也突破了对自然界生物外形的纯粹模仿，它已深入到对产品功能、结构和材料等方面的设计运用，并

且诞生出不少杰出设计作品，如图 2-22 所示的榨汁器和座椅设计，大胆前卫的仿生设计理念给人精神上的享受。仿生设计常常创造出亲切、宜人和充满生机的产品形态，是一种非常理想的产品形态创造方法。当今流行的主观化设计理念正是在这种设计趋势发展中的一种演变。

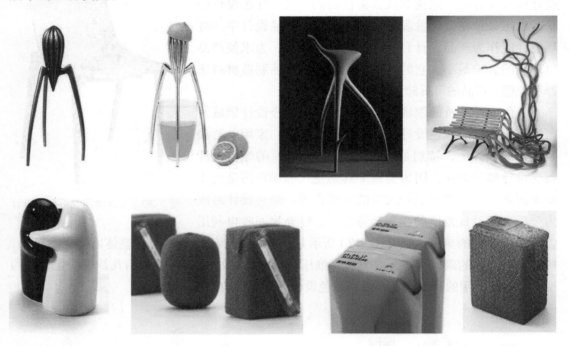

图 2-22　仿生设计

三、系列化与家族化设计

一般情况下，人们常把相互关联的成组、成套的产品称为系列产品，在功能上它们有关联性、独立性、组合性和互换性等特征。系列产品主要有四种形式：成套系列、组合系列、家族系列和单元系列。

家族系列产品是由功能独立的产品构成，如图 2-23 所示厨房小用品系列，它们的功能各不相同，但在功能发挥中是互相辅助配合的关系。家族系列中的产品不一定要求可互换，而且系列中的产品往往是同

图 2-23　厨房小用品系列

样的功能，只是在形态、色彩、材质和规格上有所不同而已，这和成套系列产品有相似之处。图 2-24 所示为深泽直人设计的 ±0 吸尘器系列，外形和色彩的一体性展现出的是一种简单美，可以融入任意环境。家族系列产品在商业竞争中更具有选择性，更能产生品牌效应。

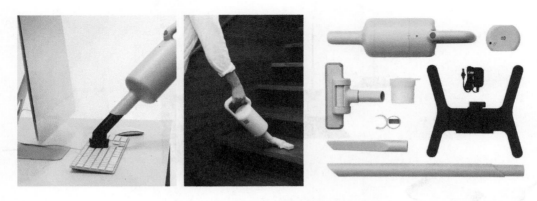

图 2-24　±0 吸尘器系列

随着社会经济的发展，消费者的消费变得更有选择性，市场需求加速向个性化和多样化的方向发展。家族系列产品以多变的功能和灵活的组合方式满足了人们的消费需求。图 2-25 所示的 Alessi 功能简单的厨具产品，通过系列形态设计，既丰富了产品内涵，提升了产品系列化带来的附加价值，又为不同喜好的消费者提供了选择的空间，增加了生活的趣味性。

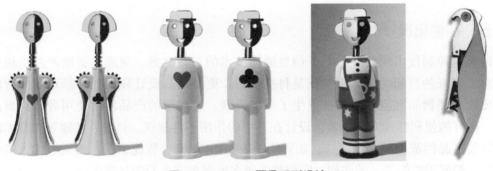

图 2-25　Alessi 厨具系列设计

四、本土化设计

随着经济全球化进程的加速，跨国公司的产品充斥在不同文化和肤色的人群之中。传统文化、传统艺术和多样性的生活方式受到前所未有的冲击，关心文明走向与保护本民族文化传统的意识开始觉醒。因此，具有地域艺术特色、体现民族情怀以及凸现传统生活方式的产品开始受到青睐，也是今后产品设计的一个发展方向。

设计的本土化和国际化在字面上看似对立的两极，实际却在某种意义上组成同一产品的两个方面。"越是属于民族的就越属于世界"，如我国的礼品设计，当然应该与欧美的礼品迥然异趣，它们是携带我国传统文化走向国际的使者。对于一些大型企业来说，实施本土化设计也是它们走向国际市场的重要方法。图 2-26 所示的是北欧国家和日本在本土化设计方面几款优秀的设计案例。

图 2-26 北欧国家与日本的本土化设计

五、智能化设计

计算机控制技术的发展与电子信息通信技术的日益成熟，促成了智能产品的快速成长。对于未来的智能时代，不仅仅是科技狂想，更是产品设计领域的一场革命。智能产品的出现，使物品和服务功能都发生了质的飞跃，这些新的产品将给使用者带来更高的效率、更好的便利性和安全体验，设计在其中的作用不容忽视。目前，伴随智能技术的进步，智能产品的范围越来越广泛，如智能手表、VR 眼镜、智能家用机器人、无人机和平衡车等，都属于智能产品的序列，它们越来越多地服务于人们的日常生活。

随着 AI（Artificial Intelligence）技术的发展，未来智能产品的趋势是将拥有情感计算能力（Affective Computing），即通过认知人类的语音信息、面部表情和肢体动作等，来调整自身的反馈以适应人们那一刻提出的需求，真正实现人机之间的自然交互。为此，智能化设计的关键将围绕产品如何才能达到"人与人自然交流"的感觉展开。

如今智能化产品既能作为工具支撑起智能化的产品设计，同时也对新时代的产品设计理念提出了新要求。一方面工程师可以利用智能化产品实现研发模式的创新与变革；另一方面从功能上讲，智能化产品复杂的结构也让产品的设计创新过程更为复杂。智能产品的出现为新兴行业带来了生机，众多的市场参与者正在为智能产品行业带来更多的市场机遇。如图 2-27 所示，从智能手环到平衡车、陪伴机器人和感应龙头等，各种智能化设计越来越多地渗透到大众日常生活中，方便人们生活的同时也不断提升着生活品质。

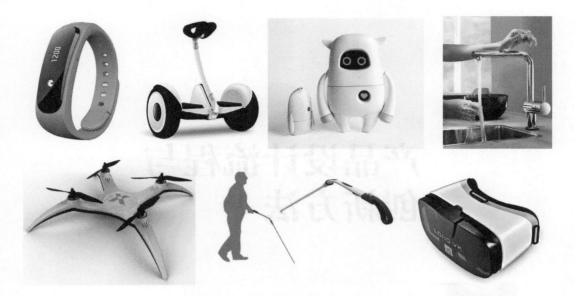

图 2-27 智能产品设计

2-1 调查研究生活中的身边事物，是否都经过或者需要设计？产品设计普遍存在吗？
2-2 不同产品的设计角度是否存在很大差异？举例说明。
2-3 列举一些通过设计推动企业颠覆性发展或者迅速崛起的典型案例。
2-4 结合熟悉或者感兴趣的产品领域，尝试梳理并预测其产品设计的发展趋势。

思考题

第三章

产品设计流程与创新方法

> 通过对本章的学习，了解掌握产品设计的一般流程与方法，学会撰写设计报告，熟悉产品创新的基本模式和主要途径，能够运用掌握的基本方法进行较为简单的产品设计练习。
>
> 本章以教师案例讲授为主，结合课堂示例、命题练习，强化学生在产品设计中的调研研讨和设计分析意识，锻炼并提高学生设计表达与实现的基本能力。
>
> 随着企业对生产品质与技术研发的日益重视，以及信息流通加快和人员流动所带来的商业机密保守难度增加，不同企业在同类产品上将很难长期具备绝对技术优势，而通常是交替领先。在这种情形下，产品设计的成功与否，很大程度上将决定该产品的最终市场表现。

第一节 产品设计一般流程

一个新产品的设计开发，其流程一般分为三个阶段，即问题概念化、概念可视化和设计商品化。这三个阶段中分别包含不同性质的工作，并分别对应产品企划、设计和量产的全过程，如图3-1所示。对于这三个阶段与相应内容的了解，是掌握产品设计流程的基本前提。

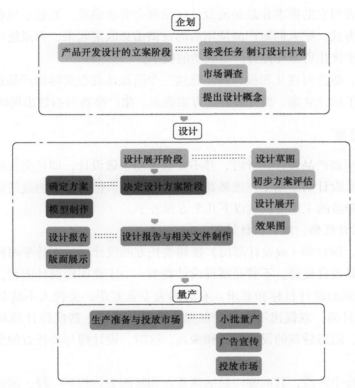

图 3-1　产品设计流程

1）问题概念化是产品企划工作的核心任务。要求产品设计人员通过信息收集以及市场调查等方法，深入探寻设计对象（产品）的相关情况，如竞争态势、销售状况、市面上的流行事物与元素等基本情况；同时还要了解消费者的使用反馈以及对新功能的潜在需求，并结合企业的发展策略进行综合考虑，得出新产品设计的整体"概念"。这个过程，通常是以文字进行表述，内容多集中在市场定位、目标客户群、产品诉求、性能特色以及售价定位等方面。正确的企划应由企业的不同部门、交叉专业进行沟通互动，共同完成。产品企划工作最终主要以企划书的形式体现，并附有产品技术发展趋势与功能特性分析、竞争分析、流行趋势分析、使用者探讨与人因分析，以及创意发想的互动汇总等方面的资料信息。

2）概念可视化即完成具体的设计工作。简单地说，就是把确定的产品概念（即商品企划）转换成可视的具体形态。这个阶段往往通过产品设计师的创意工作来完成，是产品设计最直观、最具体的活动。此时产品设计的优劣直接与设计师的美感、创造力及经验有关，企业给予设计师足够的创意自由度令其发挥最大作用，就显得尤为重要。

3）设计商品化是指产品设计终究不是单纯的艺术创作，其最重要也是最根本的目的是向市场提供具有影响力和竞争力的商品，并通过批量生产及销售来产生经济效益。设计商品化是设计相对结束的最终环节，一个设计成果能否转化为畅销商品，首先取决于将创意结果转换成符合生产条件的产品的过程。其次，因为无论在企划、设计阶段做得如何完美，终究与消费者对它的需求和最初的设计定位都会有所偏差。通过小批量生产或者利用网络平台众筹等方式，把人们对产品使用后的反馈信息收集起来，再最终决定是否投放市场，这样更有利于优化资源和提升产品成功的概率。

问题概念化、概念可视化和设计商品化这三个阶段体现在实际的产品设计过程中，又比较清晰地形成了设计立案、设计展开、方案确定、生产准备与投放市场四个阶段。

一、设计立案

当承接到一项新产品设计任务时，并不要急于动手做设计，即使是在时间紧张的情况下也是如此。产品设计的前期工作虽然花时间、耗精力，但却是影响最终设计成败的关键阶段。设计立案阶段的工作可以从以下几个方面着手。

（一）接受设计任务，制订设计计划

一般情况下，设计师（或设计部门）接到委托方的设计项目不外乎两种设计类型：一是全新设计，二是改良设计。不管是哪种设计类型，一定要明确设计内容，充分理解和领会委托人所要达到的设计目标和要求。有时因为专业差距，委托人不清楚自己最终要达到什么样的设计目的，或提出不符合产品思路的设计要求，造成设计师对设计目标和要求的理解有偏差，阻碍后期的设计展开和深入。这时，设计师与委托方的交流就显得尤为重要。

产品设计的每个阶段，其面临问题的侧重点和时间安排都不一样，因此在明确设计内容以后，就要制订相应的设计计划，包括项目可行性报告和项目进程表等。项目可行性报告是让设计与委托双方明确设计实施过程中的各种情况，涉及委托方的要求，产品设计的方向、目的，现有市场及潜在市场因素，项目的前景及可能达到的市场占有率，企业实施设计方案会遇到的问题，等等。项目进程表是根据各阶段设计过程，制订一个时间进程计划，如图 3-2 所示。

制订设计计划应注意以下几个要点：

1）明确设计目的和内容。

2）明确设计各阶段所需的环节。

3）明确各工作环节的目的及手段。

4）理解各环节之间的相互关系及作用。

5）充分估计每一工作环节所需的实际时间。

6）明确整个设计过程的要点和难点。

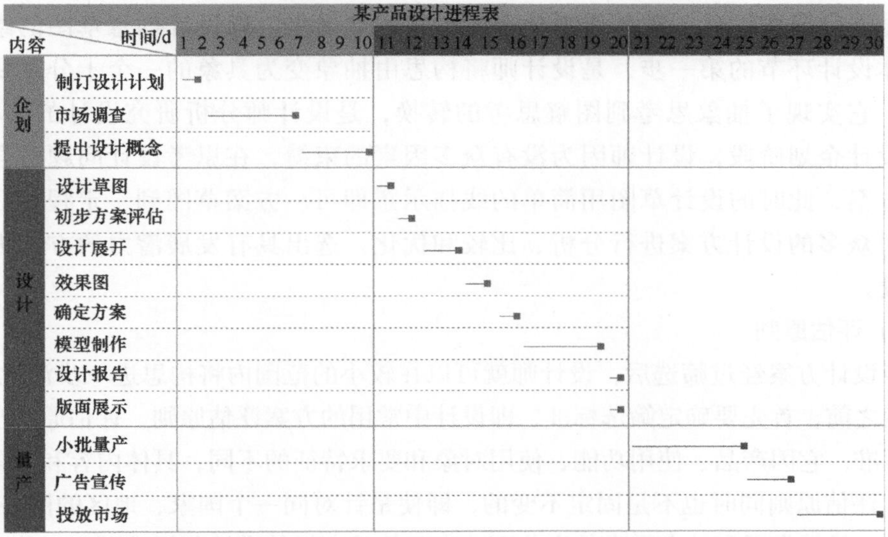

某产品设计进程表																														
内容　　时间/d	1	2	3	4	5	6	7	8	9	10	11	12	13	14	15	16	17	18	19	20	21	22	23	24	25	26	27	28	29	30
企划　制订设计计划	■																													
企划　市场调查		━	━	━	━	━	■																							
企划　提出设计概念		━	━	━	━	━	━	━	━	■																				
设计　设计草图											━	■																		
设计　初步方案评估												━	■																	
设计　设计展开													━	━	■															
设计　效果图																━	■													
设计　确定方案																		━	■											
设计　模型制作																		━	━	■										
设计　设计报告																				■										
设计　版面展示																				■										
量产　小批量产																					━	━	━	━	■					
量产　广告宣传																					━	━	━	━	━	━	■			
量产　投放市场																											━	━	━	■

图 3-2　某产品设计进程表

（二）设计研究，提出概念定位

《孙子兵法·谋攻篇》中有曰："知己知彼，百战不殆"。在做具体产品设计之前，首先要具备"知己知彼"，才能在激烈的竞争环境下取胜。"知己"要明白自己的优势、劣势及拥有的设计能力和水平；"知彼"要知晓现有产品的情况，消费者潜在需求，未来3~5年内的设计趋势及竞争对手的设计策略和方向，等等。进行市场调查，获取有效的信息及搜集、整理资料是每一位设计师应当具备的基本能力。这里需要强调一点：现今网络发达，但很多一手资料还是需要通过深入市场和接触用户来获得，在观察交流中感受可能的设计切入点。

通过设计研究发现问题是设计实施走出的第一步，提出概念定位则是产品设计立案阶段乃至整个设计流程中最关键的一步。市场调查与用户研究的目的就是要发现现有产品存在的问题或潜在的用户需求。接下来要做的是找出问题的所在点，是什么原因导致现有产品需要进行全新设计或改良设计，进而找出解决问题的方法，提出初步设计构思。解决问题的切入点可以从产品使用场景，使用对象，人机工程学，使用者的动机、需求、价值观，产品功能、结构与材料以及新技术的运用等几个方面入手。

调查研究的结果到设计概念的转换并不是必然的过程，这当中需要设计师丰富的知识、经验和文化修养，需要能深刻洞察问题的能力及创造性的思考。如果调查结果不能转换成设计概念，为设计所用，那么调查研究也就失去了意义。这种转换能力的获取不是一朝一夕的，需要时间与经验的累积。

二、设计展开

（一）设计创意

概念定位形成以后，需要用视觉化的语言表达出来，即设计创意草图的绘制。草图是具体设计环节的第一步，是设计师将构思由抽象变为具象的一个十分重要的创造性过程，它实现了抽象思考到图解思考的转换，是设计师分析研究设计的一种方法。在产品设计企划阶段，设计师因为没有众多因素的束缚，在思考设计问题时会形成许多解决方案，此时的设计草图用简单的线描示意即可。方案草图到一定程度后，设计师必须对众多的设计方案进行分析、比较和优化，选出具有发展潜力的方案进入设计展开阶段。

（二）评估原则

初步设计方案经过筛选后，设计师就可以在较小的范围内将构思进一步深化和发展。筛选方案之前，首先要确定筛选标准，即设计中常用的方案评估原则。评估原则没有一个固定的标准，它因产品、使用功能、使用对象和要求特征的不同，具体内容和侧重点也有所不同。评估原则同时也不是固定不变的，即使是针对同一个国家、地区的同一类产品，它也随着时代的发展和社会需求的变化而改变。如就"好的设计"标准而言，普遍由注重实用性和功能性转向对人的关怀，对自然、环境和生态的关怀，特别是进入后工业社会时代，"好的设计"越来越注重人的情感需求，注重环境和生态的保护，其评估原则的次序将会不断地调整。

（三）设计推敲

设计展开是从设计各专业方面去完善设计草图，使之更为具象化，包括在草图旁边添加说明性文字等。它包括构成产品的基本要素设计（功能、形态、色彩、结构、材料和机构）、人机工程学研究、加工工艺和技术支持等。产品形态受产品的功能、材料、色彩和结构等因素的综合影响，但在将设计构思具象化时，却不能同等对待这些影响因素。形态的创造要和立案阶段设计构思的切入点结合起来。如设计初期构思时，主要是解决功能问题，那么，这时应以针对功能塑造形态为主；如在构思时主要是考虑新材料的应用，那么在形态塑造时可以如何体现新材料的性能和优点为主；而如果是要优化产品的结构和工作原理问题，则不妨采用仿生设计，到大自然中寻找形态创造的灵感。方案设计草图的进一步细化和深入，还要考虑人机界面设计和加工工艺可行性等问题。人机界面也是细化设计重点要考虑的，人们对这个产品采用什么样的使用方式、有什么使用习惯以及在什么场景中使用都会影响产品的形态。对加工工艺的考虑虽不用像方案确定阶段考虑的深入，但至少要保证其符合所选的生产加工工艺要求。

（四）效果展示

设计具象化的手段可以用效果渲染图，也可以辅助模型手板，这时产品的外形和细节设计都要有相应的尺寸依据。设计创意阶段的草图很多情况下是设计师本人构思和交流用的，所以并不要画的很精确，但这并不意味着设计师可以放弃草图的训练，草图是设计师设计思想具象化最迅速直接的方法。计算机渲染效果图直观、形象，但相对要花费更多的时间，在未对设计构思各个方面进行详细和周到的考虑之前，一般不要急于在计算机上操作，可在完善设计方案之后进行计算机效果图的制作和三维模型的制作展示。

三、方案确定

进入设计方案确定阶段，产品的功能与基本形式都已确定下来，方案的进一步优化主要是细节设计的调整，同时要进行产品操作性和技术可行性探讨，包括产品生产方法、加工工艺和生产成本等因素的考虑，在技术上反复斟酌，寻求最佳的设计方案。

方案经过初期审查以后，产品的基本结构和主要技术参数也相应地确定下来，接下来便是完善设计模型文件，制作样机模型，以检验设计的成功与否。样机模型能真实地再现产品，产品的许多细节设计及技术可行性等隐存问题在平面形式下是很难发现的。正因如此，模型在形态上要真实反映产品效果，细节一定要表达得清楚、充分，才有利于进一步推敲和修改，以完善设计。模型制作本身也是个设计检验的过程，制作完成以后，再对产品外形尺寸进行调整，为最后的设计定型图样提供依据，同时为后面的产品生产和投放市场提供测试原型。

（一）设计报告的制作

设计报告是设计阶段的最后一个环节，它是以文字、图表、草图、效果图和模型等形式组成的设计过程的综合性报告，是递交给企业高层管理者以供最后决策的重要文件。因而设计报告的制作既要全面、简洁，又要突出重点、通俗易懂，让决策者一目了然，充分明白设计师所要传达的设计意图。设计报告的形式视具体情况而定，一般有以下内容：

（1）封面　封面用于标明设计标题、委托方名称、设计单位名称、时间和地点，可视具体情况决定是否要做些装饰性的设计。

（2）目录　按设计的时间和程序来确定目录，排列要条理清楚，并标明页码。

（3）设计进程表　进程表要简单、易懂，不同阶段的工作可用不同的色彩来标明。

（4）设计调查　设计调查主要是对市场现有产品、国内外同类产品的销售与需求，竞争对手的设计策略，未来几年内的设计趋势的调查和资料收集，从而明确设计范围和设计问题。

（5）分析研究　分析研究是在市场调查的基础上对产品市场、使用功能、结构、材料和操作等进行分析，进而提出设计概念，确定设计定位。

（6）设计构思　设计构思是以文字、草图和草模等形式表达初步设计方案。

（7）设计展开　设计展开主要以图示和文字说明的形式来表现，其中包括设计方案的评估、设计构思展开、效果图、人机工程学研究、技术可行性分析和色彩计划等。

（8）方案确定　从技术层面、操作层面确定最终设计方案，并绘制详细结构图、外形图、部件图、精致模型制作以及使用说明等。

（9）综合评价　综合评价应包括精致模型的展示照片，并简洁、客观地阐明整个设计方案的优缺点。

（二）设计展示

有时因为在设计决策阶段会有各个层次的部门主管（技术、制造、销售和宣传等部门）参加决策会议，有些人员和设计无直接关系，因此除了要递交设计报告以外，还要制作展示版面或使用模拟演示，以使所有人员都能充分理解设计意图，包括设计目标的设想、设计依据、分析结果、解决方案和销售市场等。展示版面是设计师设计思想的概括表达，其效果的好坏取决于设计师是否具备良好的设计表达能力，它的主要内容有：①设计前言；②市场分析，同类产品比较；③使用状态、使用环境分析；④设计目标确定；⑤展示效果图；⑥深入设计：人机分析、技术可行性研究和色彩方案等；⑦工作原理；⑧相关工程文件等。

四、生产准备与投放市场

由设计向生产转化的工作，就是根据已定案的造型进行工艺上的设计和原型制作。这时，要对造型设计和产品化的问题进行最后核准。具体来讲，就是要为该造型寻求合适的制造工艺和表面处理方法等。把制造、组装和表面处理等问题作为生产技术、成本方面的问题进行充分研究，对需变更的地方加以明确。如果有原型的话，就更容易把握材质感、手感等感觉方面情况。在设计方案确定阶段进行设计评价的是工作模型，最终确定设计的是生产模型。设计向生产转化时，由于生产模型是从各个方面对产品进行模拟，因而能够明确把握构造上和功能上的问题点。生产模型完成以后，便可以进入模具设计及小批量生产。

设计开发并不限于设计定案和生产阶段。产品企划和设计开发的过程是基于消费者需求而建立产品概念的过程，而生产则是实现设计向产品转化的过程。从这个意义上看，市场营销就是实现产品向商品转化的过程，也是产品开发设计的重要组成部分。市场营销应通过各种方式开拓销售渠道，向消费者正确传达产品概念，并进一步从市场和消费者获得反馈信息，为再设计做准备。

第二节　产品设计的一般方法

产品功能、造型和物质技术条件，是构成产品的三个基本要素。产品设计的一般方法正是要基于这三要素综合考虑。

一、技术功能设计

功能是产品的决定性因素，产品只有具备某种特定的功能才有可能进行生产和销售，实现功能是产品设计的最终目的。现代产品的功能要比以前丰富得多。

（一）物理功能——产品的性能、构造、精度和可靠性等

物理功能是产品提供给消费者的基本需求。在现代社会，物理功能是产品设计中重点要考虑的，同时也是现代社会对技术不断追求的结果。随着社会的发展，人们对产品的基本需求也在发生变化，有些产品正在消失，新的产品不断出现，其物理功能会有新的约束

条件。在这个产品消失与出现的过程中，产品设计师要关注的是如何挖掘出新的产品以及对新产品约束条件的思考，包括它的性能、构造和可靠性等。如图3-3所示，智能手机性能越来越高，功能越来越强，这使移动办公成为现实（图3-3a）；水龙头构造的优化，使厨房操作更加方便合理，并且增添趣味性（图3-3b）；削皮器通过调节，可以适应不同种类的蔬菜水果，极大方便用户使用的同时，提升了产品的功能范围（图3-3c）；救生圈的改进设计，进一步保证了对落水人员长时间体力不支情况下的保护作用（图3-3d）。

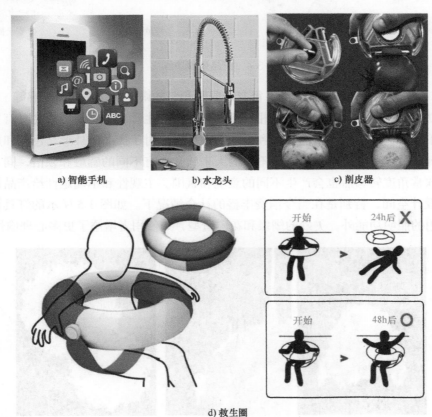

a) 智能手机　　　　b) 水龙头　　　　c) 削皮器

d) 救生圈

图3-3　产品物理功能

（二）生理功能——产品使用的方便性、安全性和宜人性等

生理功能是在产品物理功能的基础上，增加对人性关怀因素的考虑。产品使用的方便性、安全性和宜人性均是"以人为本"设计思想的体现。有许多优秀的案例表明，注重产品生理功能的设计，不仅能使产品本身大为改观，并且能获得意想不到的效果。

图3-4所示的几款设计，果盘设计中考虑了坚果壳的收纳，大大提升了产品使用的方便性（图3-4a）；为特殊人群（孕妇）设计考虑的洗手池，其特殊形状为该人群使用过程中的安全舒适提供了可能（图3-4b）；量面器和安全插座，也都是分别在宜人性和安全性等方面进行了巧妙的设计，让人使用起来非常的方便，增加安全性，而且功能与形式结合

得也很完美（图 3-4c、图 3-4d）。

a) 果盘　　　　　　　b) 洗手池　　　　　　c) 量面器　　　　　d) 安全插座

图 3-4　产品生理功能

（三）心理功能——产品的造型、色彩、肌理和装饰诸要素给人的愉悦感等

心理功能也指产品的精神功能，相对于物理功能和生理功能，心理功能具有更多的主观因素和不确定因素。每个人的喜好和趣味都不一样，对于产品的外形、色彩和质感均有不同的选择。就如一幅美丽的风景，不同的人来欣赏会有不同的感触和领悟，同一幅美景在时间和欣赏角度转移后也会产生不同的意境和氛围。主观性和不确定性给产品设计提供了广阔的设计空间，特别是在当今消费丰盛的社会情况下。如图 3-5 所示的灯具设计，除了基本实用的照明功能外，美妙的蝴蝶和花瓣造型，为使用者增添了更多心理愉悦感。

图 3-5　灯具设计

（四）社会功能——产品象征或显示个人的价值、兴趣、爱好或社会身份等

社会功能相对于前三种功能而言，是产品实用功能的拓宽，它几乎可以脱离产品本身的实用功能而独立存在。例如某人佩戴一款运动手表或骑行一辆公路竞技自行车，旁观者不需要去仔细研究手表和自行车的具体性能、款式、造型、颜色，选择运动表和竞技自行车这一事实就可以从一个侧面显示出他的兴趣、爱好和价值取向。这一类人群往往会乐意接受与运动、竞技相关联的产品，可以据此推断出他们可能的消费倾向。

功能决定着产品的造型，但功能不是决定造型的唯一因素，造型有其自身独特的方法和手段，同一产品功能，往往可以采取多种造型形态。物质技术条件是实现功能与造型的根本条件，是构成产品功能与造型的中介因素。因而产品设计师只有掌握了各种材料的特性与相应的加工工艺，才能更好地进行设计。

二、审美形式设计

产品必须通过其优美的外形使人得到美的享受，才有可能获得人们的赞赏和认可。实现产品功能虽是产品设计的最终目的，但纯粹只有功能，没有美感的产品，人们同样很难接受。现实生活中绝大多数产品都是满足大众需求的产品，要具备大众普遍性的审美情调才能实现其审美性。产品的审美，往往是通过产品自身的新颖性和简洁性来体现的，而不是依靠过多的装饰，它必须是满足功能基础上的美好形体本身，如图 3-6 所示的日用品设计。在设计中，可以参照一些美学法则，比如在变化和统一中取得对比和协调，在对称的均衡中求得安定和轻巧，在比例和尺度中求得节奏和韵律，在主次和异同中求得层次和整合，等等。

图 3-6　日用品设计

三、心理象征设计

心理象征设计主要是从消费者心理来考虑产品设计的。步入知识经济时代，人们的消费观念和消费意识发生了显著变化，消费者不仅需要产品的实用功能，也需要心理的、艺术的、思想的和社会性的追求。越来越多的消费者开始注重优良的产品造型所表现出的心理价值，这类产品从一个侧面反映了消费者的社会地位、文化水准和个人情趣。因此在面对市场多样化的同时，产品设计既要考虑消费者的理性需求（实用功能），也要考虑非理性需求（精神功能）。如图 3-7 所示，同样的座椅功能，不同设计体现出来的心理象征是完全不一样的。

图 3-7　心理象征设计

第三节 产品设计中的创新模式

"企业若要主导市场，在本行业中必须第一个淘汰自己的产品，第一个开发新一代产品。"在同类产品功能品质之间差异快速缩小的情形下，产品开发中的创新将直接决定研发工作的成败。可以说，产品创新是企业"生存发展之道"，是现代企业品牌理念、精神和形象之所在。

一、产品设计创新的基本出发点

产品创新的基本出发点是主动满足目标人群不断发展变化的需求。不论是产品迭代，还是功能完善乃至造型风格革命，都要以方便客户操作、降低劳动强度、提高工作质量和效率为指导思想。产品的开发设计人员必须具有强烈的市场意识，要有接受市场发展趋向的良好心态，并能用自身的创新设计去积极引导市场趋向。

图 3-8 所示的红绿灯设计，通过沙漏模式实现了对传统红绿灯样式的创新，增加了车辆驾乘人员和行人等候过程中的视觉内容，会缓和人们在十字路口焦躁的心情，令等候的时光也变得有趣起来。

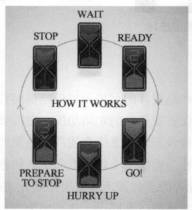

图 3-8 红绿灯设计

二、产品设计创新的一般模式

产品设计综合反映着一个时代的经济、技术和文化水平，它的创新构思是创造新产品的重要基础。总体来说，当代产品创新的设计方法可以概括为三个方面。

（一）产品的技术创新设计

技术是构成产品的关键要素，是产品创新的核心。企业在激烈的市场竞争中，必须在产品技术上不断创新，以求实现生存和发展。产品的技术创新设计常采用分解、技术改进和再重新构成这样三步走的方法，被称为"技术构成"法。技术的发展有着时代的潮流与趋向，当通过技术构成来实现产品创新时，需要把握产品技术发展的时代趋势。如图 3-9 所示的迷你熨斗，将锂电池和 USB 充电技术用于传统产品，大大拓展了产品的功能用途。

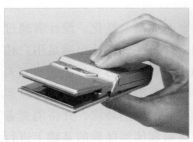

图 3-9 技术创新设计

（二）产品的文化创新设计

提高产品的文化内涵，通过在产品中巧妙地融入文化艺术元素以实现创新，已经成为某些产品设计的主流思想。产品的形式需要与功能和谐，但产品的形式不能唯功能而定，形式也有自身的内容，那就是文化。产品设计必须兼顾其功能需求、形式外观和文化内涵。图 3-10a 所示是不同的杯子设计，其巧妙地将一些文化元素融入杯子，使普普通通的杯子有了迥然有别的文化内容；图 3-10b 所示的 Aless 出品的日常器具，通过文化创新模式获得了新奇的设计效果而被广泛认可。

a) 杯子设计

b) 日常器具

图 3-10 文化创新设计

　　在产品设计中进行文化构成的方法是多种多样的。如在产品形式、语意、名称和使用背景若干方面，可以像作诗一样对文化元素加以用典，像漫画一样对文化元素进行夸张，像小说一样对文化元素进行演绎重构，等等。为此，需要现代产品设计师不单有良好的文化创造力和文化传播力，更要有深厚的文化积累和深刻的艺术思维。

　　（三）产品的人本创新设计

　　为了满足消费者多样化的需求，当代的产品创新设计普遍突出个性化。设计者通过对用户市场的细分和研究，充分挖掘不同用户群体需求的个性特征，设计出满足用户独特需求的新产品。这也是提升产品品质和取得竞争优势的主要途径。另外，加强研究人机工程学，深化人机一体化设计，是当今产品创新设计领域的前沿内容。设计者可以运用人机工程学手段和先进的虚拟现实技术，通过创造目标产品的使用环境，并将消费者融入其中展开仿真设计和演示，在模拟和检验消费者感官体验和情感体验的基础上进行产品设计。

　　图 3-11 所示的产品设计从不同的人本主义倾向进行了产品的创新。图 3-11a 利用材料特性，使座椅增加了不同的形态变换功能，为使用者提供了多种舒适的坐姿保障；图 3-11b 是突出个性化，迎合另类使用者的消费需求；图 3-11c 则是挖掘骑行人群的细节需求（后视），而开发的骑行装备产品。

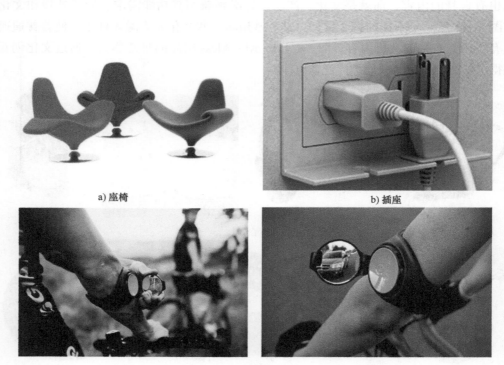

a) 座椅

b) 插座

c) 骑行装备

图 3-11　人本创新设计

第四节　产品设计流程与方法示例

产品设计一般流程在本章第一节中做了一定的理论性阐述，本节通过老龄化社会背景下研发推广智能产品的一个案例设计实践，进一步帮助学习者熟悉产品设计基本流程的操作。需要注意的是，设计流程只是一个基本的框架参照，不同的产品设计，其流程或多或少存在各种差异，只有在实际实施中关注把握住影响具体设计的主要定位点，才可能做到不流于形式，真正发挥程序的引导作用。

案例　老年人排尿智能提示装置设计

本案例由钦丽萍提供。

（一）设计立案（确立设计命题）

关注社会人口老龄化，结合老年人提升生活品质、方便出行以及智能技术成果如何服务于该人群，挖掘设计可能存在的突破口，寻找日常生活中的产品增长点。在此基础上，选择了老龄人群旅行途中的一个潜在需求，展开研究与设计。

1. 制订设计计划

略。可参考图 3-2 并结合具体设计周期要求进行制订。

2. 设计研究，提出概念定位

在老年人外出旅行时，常常由于不熟悉环境，找不到公共厕所，自身又可能存在尿频、尿急等身体特征，造成一定的困扰和尴尬。同时，这种情况不但会给老年人造成心理负担和生理损害，也会影响旅行质量。以此为背景，本设计将概念定位集中在如何解决帮助老年人在旅行中提早感知排尿的问题，并与现代智能信息技术结合，完善相关功能服务，保障老年人旅行的从容与安全。

（1）老年人现存主要问题——尿路刺激性症状　尿频、尿急和夜尿增加等下尿路症状已经成为影响老年人生活质量的主要原因之一。研究表明，社区 50~85 岁老年人群易出现尿频、夜尿增加、尿不尽感和尿急症状。此四种症状均为下尿路刺激性症状。

（2）排尿时间探究　在这四种下尿路刺激性症状中，尿急是我们探究解决的主要问题。

在日常的生活中，排尿的习惯性做法是当膀胱充盈了就如厕。其实并不妥当，因为人体代谢过程中会产生一些对人体有害的物质，其中部分通过尿液排出。若尿液在人体中时间过长，可能会对人的健康产生不利影响。

针对老年人来说，在熟悉的环境中，产生尿意及时找到厕所并不困难，但是在陌生环境中，尿急常常会对老年人造成一定的困扰和伤害。对尿意产生的时间如果能够监控，提前感知排尿时间，可以为老年人提供很大帮助。这也是本设计预想解决的主要问题。

（3）主要应用环境——老年人家庭出游　近年来随着人们消费能力的增加，老年人旅行需求也呈现高涨的态势。老年人外出旅行大概有四种模式，包括与家人一起、参加旅行团队、独自一人以及与朋友一起。根据调查显示，老年人选择与家人一起出行旅游所占比例最高（图 3-12）。基于此，将所设计产品的使用环境定位到老年人家庭出游的旅途中。

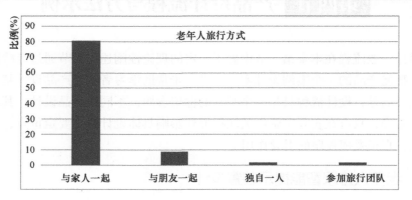

图 3-12　老年人外出旅行方式

而在旅行中往往存在着很多问题。出游时机、目的、出游距离以及交通工具的不同，高速公路服务区间距差异，公厕位置的不确定性及排队等候等多重因素，都会对老年人能否及时如厕产生很大影响。

具体以自驾游为例，高速公路的相对封闭性，阻隔了驾乘人员与外界的联系，为他们解决生理需求带来一些不便和困难。食宿、购物（必需品）和上厕所等都需要高速公路提供服务设施。

高速公路的服务设施是指设置在高速公路上，为高速公路的使用者提供服务的服务区

图 3-13　出游环境

和停车区等（图 3-13）。高速公路服务设施是保障行车安全，提高高速公路服务水平，保证运输迅速、经济，缓解驾驶人在生理上的过度疲劳和汽车在使用上的极限状态所必不可少的设施。而高速公路上的服务区设置具有不确定性，如日本《高速公路设计要领》规定：服务区的标准间距 50km，最大间距为100km。在交通量比较小的高速公路上，食宿和休息等服务内容的需求相对较小，所以服务设施的间隔会更大。服务设施间隔的不确定性增加了旅行者寻找厕所的时间，对于具有尿急的老年人来说，无疑是造成旅行困扰的一大问题。

（4）旅行中老年人的走失问题　2016 年中民社会救助研究院联合今日头条在民政部发布《中国老年人走失状况白皮书》称，根据调研测算，我国每年走失老年人约为 50 万人，平均每天约有 1370 个走失老年人案例发生。走失原因难以准确归类，但主要可以分为自身问题和环境问题两方面。

自身问题：主要是迷路、阿尔茨海默病和精神疾病。

环境问题：包括家人照护和监管不周、陌生地域等，甚至还有遗弃现象。

老年人由于自身或者环境问题，在景区常常会发生走失问题，在设计产品时，会考虑增加一定的定位和建立与子女联系的相关功能。

（二）设计展开

1. 设计创意

设计产品采取最新的设计形式以及高科技，产品形态要求更加小巧，以避免老年人在使用时增加心理负担。

对于一款智能产品，要在设计过程中充分考虑到老年人的特殊定位，老年人有时会对智能产品的应用内心一般比较抗拒，学习使用较为困难。所以在设计使用方式时，为追求良好的用户体验，使用便捷就是必不可少的原则之一。

（1）智能吸盘吸附方式 即老人在使用过程中可以将产品吸附到衣服上靠近肚脐的位置以监控尿意。

优点：使用方式简单，不占用较大的空间。

缺点：对产品的吸附力有较高的要求，容易发生脱落，同时老年人的记忆力相对较弱，在更换衣服时容易忘记携带产品，造成一定资源的浪费。

（2）腰带佩戴方式 产品以暖宫腰带的形式佩戴在老年人身上。

优点：不易脱落，温度较低时可以具有一定的保暖功效。

缺点：具有一定的重量，佩戴较为臃肿，夏天不宜使用。

（3）可穿戴智能贴片的方式 可穿戴皮肤贴片正成为可穿戴市场越来越受关注的存在。它既能够用于运动数据跟踪，还能够用于药物输送和病患监测。隐藏在衣服下使用，不会干扰到日常活动，记录的数据也更加准确。有的可穿戴贴片载有药物或者传感器，有的则不然。而它们的共同之处在于：可长时间贴在皮肤上，基于电子元件运作（图3-14）。

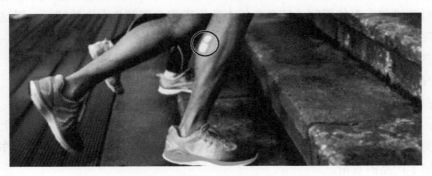

图 3-14 可穿戴智能贴片

同类产品分析：

1）OmniPod糖尿病患者可穿戴药物传输贴片。该款贴片十分小巧，防水，可贴在身体的多个位置。这些特质使得它成为深受孩子和运动人士欢迎的胰岛素贴片。在将它贴到身上之前，用户需要先将胰岛素注入贴片。贴上之后，用户可以通过手持式设备对其进行控制。OmniPod 可持续使用 3 天，期间它会不断检查和控制胰岛素的输送情况（图 3-15）。

2）Kenzen 运动智能贴片。这款小小的柔性传感器贴片由 ECHO 监测器（夹入式传感器）以及 H2 智能贴片组成。运动的时候，可以将它贴在身上任何觉得舒服的位置。ECHO 监测器会收集体内的水分平衡水平数据。这些数据会直接传送到所连接的智能手机，以分析和分享锻炼的进展情况（图 3-16）。

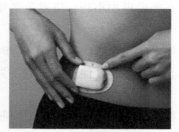 

图 3-15　药物传输贴片　　　　　　　　图 3-16　运动智能贴片

通过针对以上两款产品的调研可以得出结论，可穿戴智能贴片的发展较为迅速，针对老年人来说不仅携带较为方便，可以贴在身体上的任何位置，并且通过一定的手持设备可以监控老年人的身体各方面数据。而且大部分产品形态较小，具有防水性能，老人在使用时没有太多电子产品易损坏等顾虑。同时也可将某些治疗性药物导入贴片，对老年人来说也是一种无痛的治疗方式。

经过对三种不同的佩戴方式进行对比分析，本设计最终采用可穿戴智能贴片的形式，对监控老年人尿意的设备进行了重新设计，同时也将这种形式变成本设计最重要的创新点之一。

2. 设计原则

产品的设计从更加注重实用性和功能性转向对人的关怀，更加注重对人情感需求的满足，注重对环境和生态的保护，符合老年人的生理和心理等各方面的特征。以这些基本原则来检验评估设计创意形成的初步方案。

（1）产品实用性、功能性分析

1）产品自身发生振动时，可通过自身关闭提示系统。

优点：一体式操作，使用较为便捷。

缺点：由于老年人的视力有所下降，同时对按键的感知能力减弱，满足以上功能需要在所设计的产品上增加较大的显示屏以及一定体积的按键，这在增加一定的制作成本的同时，也增加了产品的重量。

2）利用智能手机 App 进行提示，将产品和智能手机进行蓝牙连接。

优点：功能全面，可随时监控老年人身体各方面数据。

缺点：随着年龄的增加，老年人对智能电子产品本身具有一定的恐惧心理，学习能力的下降常常使他们放弃学习新鲜的事物。对他们来说不仅仅是使用新手机软件这一困难，同时每天携带手机也变成了生活中的一种束缚。

3）利用智能手环进行提示，产品与智能手环相连接，老年人的尿意通过手环的振动进行提醒。

优点：产品的本身设计体积能够尽可能减小，佩戴在老年人身上无须较多的开关，既能够满足智能贴片的形态要求，同时振动通过手环提示也更为明显，对具有视力或者听力障碍的老年人都非常适用。

缺点：一方面需要与手机相连接，操作较为复杂，同时增加了一定的成本。

通过对不同方式的对比分析，最终采用智能手环进行老年人的尿意提醒，老年人在使用产品时虽然需要经常的佩戴，这在使用习惯上可能造成一定的困难，但是较大的振动能够充分实现尿意提醒的功能，并且相比传统的音乐提醒，振动的方式不会让老年人感觉到尴尬。

（2）产品的人性化设计　老年人的手环需要和 App 相连接从而监控老年人身体各方面的数据。在老年人使用 App 困难的问题上，采取转换使用者的方式，将使用者的群体转化为老年人的子女。

通过一款产品能够随时监控老年人身体的各方面数据，让子女能够随时查看父母身体的健康状况，面对紧急情况时可采取适当的解决方案，这也突出了本设计的人文关怀。

3. 设计推敲

（1）产品的色彩分析　色彩通过对视觉的作用，给人不同的感觉，偏于暖色的各类颜色能够使人有兴奋的感觉，偏于冷色的则会带来沉稳优雅的感觉。绿色是人们共同爱好的颜色，也是老年人特别钟爱的颜色，它对人们心理不产生任何刺激作用，使人感到宁静亲切。另外，绿色代表自然，令人感觉清爽与放松，象征着活力与希望，不会让老年人在使用过程中有太多的压力，这也是本设计采用绿色作为主色调的原因之一。

（2）治疗方式分析　红外线治疗无痛苦，也无药物带来的副作用，容易为老年人接受。在设计产品时，考虑增加红外线治疗的功能可能更有助于解决老人尿急等一系列问题。

4. 设计方案展示

（1）设计说明　此设计方案是一款含智能皮肤贴片、手环、配套 App 的老年人排尿智能提示装置。针对老年人生理和心理各方面的特点，采用皮肤贴片的形式监控老年人的尿意，并利用手环进行振动提醒，同时子女可连接手机 App 查看老年人身体的各方面信息，以及所在位置。在解决老年人旅行中适时如厕问题的同时，实现子女对老年人健康的关注。

（2）产品展示

1）智能皮肤贴片。Soar 智能皮肤贴片，采取较为轻质的塑料材质进行设计，产品的使用周期为 1~2 周，与老年人的旅行周期尽量保持一致，满足老年人短期旅行的需求，佩戴在皮肤上可以不用取下，既能满足监控尿意的功能，同时较短的更换周期让所应用产品更加的干净卫生（图 3-17）。

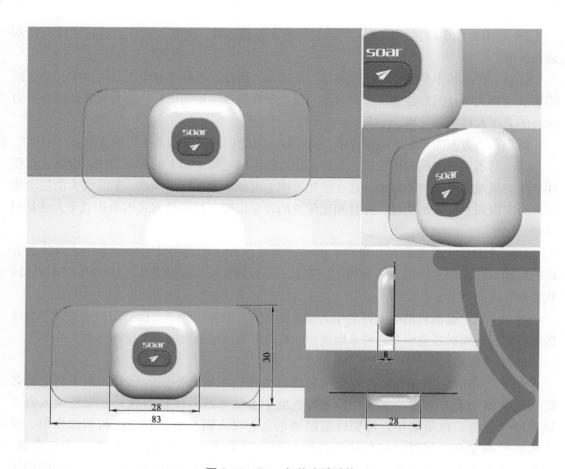

图 3-17　Soar 智能皮肤贴片

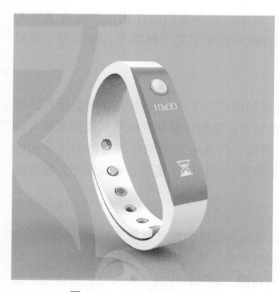

图 3-18　Soar 智能监控手环

产品能够贴在皮肤上直接使用，借鉴智能皮肤贴片的相关原理，可监控老年人身体的各方面数据。产品的按键采取一键式设计，采用较少的按键以满足老年人的使用习惯。中部开关开启时，将自动与所配套的手环进行连接，当老年人产生尿意时，将通过老年人所佩戴的手环进行振动提醒，提示老年人尽快寻找周边的厕所，解决老年人旅行中所遇到的如厕尴尬问题。

2）智能监控手环。Soar 智能手环，可以和皮肤贴片配套使用或者独立使用，具备的主要功能为时间显示、尿意监控以及走失定位系统（表 3-1），可将所监控老年人的各方面数据传送到子女的手机上（图 3-18）。

表 3-1　Soar 智能手环主要功能

主 要 功 能	使 用 方 式
尿意提醒倒计时	当老年人有尿意需要寻找厕所时，手环将会发出振动提醒，老年人按下按键关闭振动，按钮下方的尿意提醒沙漏将自动亮起，上面的时间自动进入倒计时，便于老年人观察
走失定位系统	产品的定位功能主要应用在老年人旅行的过程中，面对陌生的环境，有时会发生走失问题，手环添加的自动定位系统，可通过子女的手机随时查看老年人的所在位置，减少由于各方面原因导致的联系不到老年人等问题的发生

3）Soar 配套 App。与产品相配套的 App 针对各方面数据均有相对于平均值的测量标准，子女可通过手机 App 查看老年人身体的各方面数据及实时监控。老年人的身体有任何不适的现象均可以提前通过子女手机上 App 发出警示。该产品构建出子女与父母沟通的一座桥梁（图 3-19）。

子女查看老年人身体的各方面信息　　随时查看老年人位置　　老年人实时动态数据监控

图 3-19　Soar 配套 App

（3）产品使用方式　老年人外出旅行时，将可穿戴智能皮肤贴片贴在肚脐下方，靠近膀胱的位置，点击产品的开关键，将自动与配套的手环相连接（图 3-20）。

（4）产品多种应用方式

1）整套应用。老年人佩戴智能皮肤贴片和提示手环，子女利用手机 App 实时监控老年人身体的各方面信息（图 3-21）。

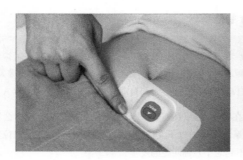

图 3-20 使用方式

图 3-21 智能皮肤贴片 + 智能手环 +App

2）老年人独立使用智能皮肤贴片和提示手环。使用过程中仅仅需要子女进行初始设置，后期的所有使用过程都可以独立完成。贴片一键式开关，手环也是一键式开关，应用快捷便利（图 3-22）。

图 3-22 智能皮肤贴片 + 智能手环

3）老年人独立使用手环以及子女独立应用 App。老年人并不是总处于旅行的阶段，因此在老年人不旅行时，智能贴片可能会被闲置，但是手环仍可以独立使用，以监控老年人的运动数据，避免资源的浪费（图 3-23）。

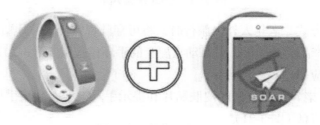

图 3-23 智能手环 +App

4）老年人独立应用手环或手机 App，老年人可单独应用手环作为简单的时间提醒，App 可同时监控多位老年人身体的数据（图 3-24）。

图 3-24　智能手环或 App

（5）产品的主要应用场景

1）解决问题——尿意预测（图 3-25）。流程如下：

家人集体出游，老年人佩戴好智能贴片以及相应的智能手环；

智能贴片监控老年人的膀胱变化以及产生尿意的时间，提前 10min 手环发出振动提醒；

图 3-25　尿意预测

老年人有较为充足的时间寻找厕所解决如厕问题。

2）解决问题——老年人景区走失（图 3-26）。流程如下：

家人集体出游，老年人佩戴好智能贴片以及相应的智能手环；

老年人在景区走失，山区信号较弱，老年人的电话不通畅；

子女通过打开 Soar 手机客户端 App，与老年人的智能手环相连接，自动定位老年人所在地理位置。

图 3-26　老年人景区走失

（三）方案确定

1. 最终评估方案的使用方式

智能贴片能够检测用户的身体数据，已经成为近年爆热的一类产品。调研公司 Tractica 预计，2020 年临床和非临床智能可穿戴"贴片"全球出货量将达到 1230 万片，总价值约 33 亿美元。

刚刚起步的智能可穿戴市场潜力巨大，它能够提高患者的健康水平，降低医疗成本。虽然目前可穿戴贴片产品面临一系列挑战，但是这仍然是一个可持续发展的市场。

2. 相关技术支持

（1）超声波监控技术　把贴片贴在肚脐的下方，产品能够通过超声波检测内脏和肠道活动（图 3-27）。

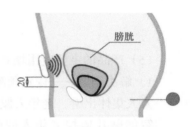

图 3-27　超声波监控技术

（2）智能可穿戴贴片技术　这里所谓的智能可穿戴贴片包括智能贴片、文身和附着在皮肤上的小型设备，它们只能佩戴有限的时间（从一小时至数周不等），支持无线连接，具有医疗、健康或健身功能，如监测生理数据和传送药物等。

（四）生产准备与投放市场

1. 产品技术

计算机和智能手机之类的电子产品通常是由硅片构成的，虽然很耐用，但若用在穿戴式设备上，则既笨拙又不方便。而在柔软的硅条或塑胶条上置入印制电路板，所构造的电子器具就是可弯曲的。比如，该器具贴在皮肤上时，可弯曲的底层能使装置在一定范围内随意拉伸和弯曲。首尔国立大学的生物工程助理教授 Dae-Hyeong Kim 领导的团队研发了一种称为补丁贴片的疗法，能自动为帕金森病患者供药。帕金森病是一种神经系统疾病，通常导致运动功能障碍，如手震颤等，患者必须定时吃药。而补丁贴片疗法其原理是通过震颤探测传感器来确定患者所需的药物剂量，通常比医嘱给定的剂量小。利用相同的设计原理，在检测老年人的尿意的同时，进行治疗膀胱的药物释放也成为一种可能。

2. 制作工艺

电子皮肤贴片是通过将微小的半导体芯片放在可拉伸的基质上制成的。基质上嵌有波浪形的可携带电信号的金属丝。整个贴片使用微小的天线来无线传输信息，所以不需要连接任何导线或导管。与传统的检测方式相比，这种皮肤贴片更加高效。

3. 市场预测

目前我国人口老龄化现象日益严峻，老年人不仅要面对生理上的老化所带来的困扰，还要面对多重情感疏离，甚至会遭遇由"空巢"到"空心"的心理危机。在设计领域，虽然"为老年人而设计"已成为热议话题，但在具体实践中往往"重市场而轻用户"，对老年人的关注也多集中于物质层面的照护，而心理抚慰等情感层面的研究尚未引起足够重视。在此背景下，本案例旨在通过以使用者为导向的设计研究方法探索老年人的真实心理诉求，以积极面对的视角为老年人的心理抚慰提供系统性的设计解决方案。从关注老年人生理特征问题出发，解决了老年人的日常尴尬，也增强了与子女之间的互动关系。

3-1　产品设计流程是一个完整环节，但在不同的设计需求下是否可以有所侧重？列举实例或经历进行分析说明。

3-2　尝试解析技术、形式和心理象征三种产品设计方法的背景依托，举例说明在侧重不同方式下实施设计所带来的效果差异。

3-3　产品创新可以从哪些方面进行探索？是否需要考虑与时代和技术发展做适度匹配？举例分析生活方式创新的主要影响因素。

3-4　通过网络或者实地调研访谈，细致了解1~2例产品设计流程，关注其各个环节问题的解决方式。

第四章

产品功能定位与形式设计

" 通过对本章的学习，认识产品设计中的可用性问题和功能具体实现的意义，树立以用户为中心的设计观念，掌握产品设计中交互性能的解决方法和人机界面设计原则，以及具体产品形态和色彩设计中的语意思维和表达方式。

本章以学生阅读为主，教师辅助对具体案例主要内容的研讨启发，并结合命题练习，加强提高学生在产品可用性、人机交互性、产品语意传达等方面的研究能力和在具体形态、色彩方面的设计实践能力。 "

第一节　产品的可用性与用户研究

随着产品功能日益强大和使用复杂程度的增加，产品设计不得不在功能和易用两者之间寻找平衡点，以解决产品的可用性问题。可用性设计的研究可以追溯到第二次世界大战时的美国空军，而可用性概念在工业界迅速普及和应用则始于20世纪80年代。20世纪90年代开始，可用性工程开始在IT工业界得到推广，广泛运用于该领域的产品设计中。

一、产品的可用性

（一）可用性的定义与理解

产品的可用性包含两层含义：有用性和易用性。有用性是指产品能够实现一系列的功能；易用性是指用户与产品界面的交互效率、产品的易学性以及用户的满意度。

国际标准化组织对可用性做出过如下定义：产品在特定的使用环境下为特定用户用于特定用途时所具有的有效性、效率和用户主观满意度。其中，有效性指的是用户完成特定任务和达到特定目标时所具有的正确和完整程度；效率指的是用户完成任务的正确和完整程度与所使用资源（如时间）之间的比率；满意度指的是用户在使用产品过程中具有的主观满意和接受程度。

对于可用性的定义的理解有五个方面，即易学性、高效性、记忆性、容错性和满意性。高可用性的产品必须在每个方面都达到很好的水平，具体如下。

（1）易学性　产品对于用户来讲应该易于学习，用户可以快速地开始应用某些操作而无须借助于帮助系统。

（2）高效性　用户使用产品时是高效的。

（3）记忆性　产品的设计应该符合用户的思维和操作习惯，用户再次使用产品时不需要重新学习，还能够靠记忆进行操作。

（4）容错性　产品应该能够阻止用户的错误或者允许用户改正错误，并且绝对避免毁灭性错误的发生。

（5）满意性　用户在使用产品的时候应得到轻松、愉悦的体验。

（二）可用性工程

可用性工程（Usability Engineering）是交互式IT产品/系统的一种开发方法，包括一整套工程过程、方法、工具和国际标准。它应用于产品生命周期的各个阶段，核心是以用户为中心的设计方法论（UCD），强调以用户为中心来进行开发，能有效评估和提高产品可用性质量，弥补常规开发方法无法保证可用性质量的不足。可用性工程的基本宗旨是强调在产品开发过程中要紧紧围绕用户这个出发点，要有用户的积极参与，以便及时获得用户反馈并据此改进设计。

可用性工程早期多用于交互式产品的开发，包括计算机软硬件、网站、电子出版物以及以嵌入式软件为核心的信息产品（如通信终端）和交互式仪器设备。但随着人们对各类产品品质和使用效率的要求不断提升，可用性工程已经在不同程度上渗透到各类产品设计领域中。如图 4-1 所示的几款设计，方便前车识别避让的救护车、组合多用的 USB 接口、雨伞的微小处理和可折叠自行车等，都是通过不同角度的可用性设计，实现了更加优化的使用功能。另外，图 4-2 所示的通用设计和体验设计等经久不衰的设计理念，在一定意义上也是可用性设计思想的一种延伸。

图 4-1　可用性设计

图 4-2　体验与通用设计中的可用性设计思想

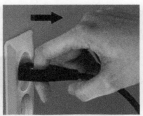

图 4-2　体验与通用设计中的可用性设计思想（续）

二、"以用户为中心"设计观念的理解

1. 产品设计中的"用户"概念

一般意义上的用户是产品的最终使用者，但在以用户为中心的设计中具有更为广泛的含义，与产品有操作关系的不同阶段的人群都可定义成不同性质的用户。如在产品的生产、包装、运输、销售和维修过程中的所有操作者都可认为是产品的用户，设计中必须全面考虑他们与产品的操作关系。

产品用户一般可以按其与产品之间的使用关系，分为新手用户、一般用户和熟练用户。许多设计师认为，用户应当学习产品的使用操作过程，如果他们没使用过就肯定不会操作。每出现一种新产品，都可能产生一类新手用户，他们不得不进行未曾接触过的产品操作。这种状态下的新手用户具有较强的偶然性，但在设计中也是不能忽略的。怎样减少新手用户面向产品操作的学习，减少使用偶然性，正是设计产品使用方式应该解决的问题。

2. 用户模型

在产品设计过程中，了解掌握产品用户的各类信息非常重要，是设计进行的依据。用户模型正是产品设计师所具有的关于用户的系统知识体，并依据这些知识来进行产品外观、人机界面和图文信息等内容的设计。建立用户模型，是以用户为中心进行产品设计的关键环节。

从设计发展的角度来看，用户模型的概念经历了三个阶段：机器用户模型、理性用户模型和非理性用户模型。机器用户模型是把使用者看成是产品的一个功能部件，必须花费大量精力接受培训，以适应产品的特性和操作要求。理性用户模型则是以心理学为基础，一般只考虑正常状态下的用户心理过程和操作环境，按照理性状态下人的知觉特性、思维方法和动作特性去设计产品。而非理性用户模型考虑到产品的实际使用过程中，许多时候用户处于非理性意识状态或情绪状态，产品的使用环境条件常常也会影响人的心理状态，运用这种用户模型可以使设计更现实、更全面。

现实设计中，为提升用户实际使用效果，建立用户模型时应全面考虑人、产品和环境三者之间的相互作用。一方面调查了解用户在操作全过程中的知觉特性和认知特性，为准确设计符合用户需要的产品提供依据；另一方面，要了解用户的价值观念、购买目的和操作使用过程等，建立适当的产品概念，使设计的人机界面能够把用户行动转化为机器行为。图 4-3 所示是一款电子船票的设计，设计者依据自身经历体验和用户研究，针对不常乘船人群对船不熟悉以及昏暗环境下不好寻找舱室位置的问题，利用 GPS 定位技术，将普普通通的船票赋予了信息定位功能，大大提升了旅客的体验感受。设计成功的关键之一就是准确用户模型的建立和对于人、产品、环境三者之间关系的充分考虑。

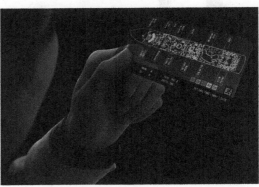

图 4-3 船票设计中的用户模型

3. "以用户为中心"设计思想

"以用户为中心"设计有别于传统的设计方法，是从研究用户的操作使用出发，通过人机界面设计来指导产品功能设计，并通过人机界面提供满意的操作条件。

首先，"以用户为中心"是广义的人道主义。强调设计必须要正确对待人和适应人，支持人的劳动。通过设计保护劳动者的安全和健康，减少伤害和职业病，最大限度地促进社会稳定与生态平衡。如建立安全技术标准，认证产品时不仅要检验技术指标，还应由人因工程师检验其安全操作性能。

其次，建立以用户为中心的人 - 机关系。通过设计正确分配人机系统功能，创造和谐的人机界面。以人为出发点，将其与产品视为一个整体，让用户处于产品使用的中心，使产品特性符合（或弥补）人的特性。

最后，要使产品操作使用符合用户的行动方式。不同的用户在使用同一产品时，操作动机、行为方式、知识水平和操作习惯等都各不一样，应当在设计中充分考虑这些情况。

如图 4-4 所示的加湿器的设计，充分考虑各类不同用户和产品工作状态的显像性，将水量状态直接体现为产品立放角度，变更了识读判定的传统方式，直观简便，扩大了使用人群，提升了产品操作的方便性。

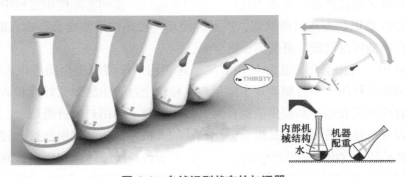

图 4-4 自然识别状态的加湿器

三、产品的可用性设计原则

把可用性的概念进行归纳，可以得到一些设计原则，指导设计者全面思考设计中关于可用性的大部分要素。设计原则旨在帮助设计人员解释和改进设计，最常见的设计原则都是考虑用户在使用产品时，怎样能避免出现障碍而有效地完成任务。

1. 可视性原则

产品的可视性是指一件产品的正确操作位置必须显而易见，而且能够向用户传达出正确的信息。要求产品的控制与被控制之间建立良好的自然匹配关系，每一个控制器反馈的信息都清晰快捷，整个系统易被用户理解。以汽车的控制器为例，如图 4-5 所示，由于车内不同的控制器及其功能都非常醒目（如转向灯、扬声器、收音机等），而且这些控制器在车中的位置与它们的功能都是相关的，如常需观察的速度表在最显而易见的位置，燃油表、里程表等按观察频率依次排布，所以驾驶人在需要时就能毫不费力地找到相应控制器并进行正确操作。又如图 4-4 所示的加湿器，也是以可视性原则完成的一个非常突出的设计。

图 4-5　汽车内的控制器设计

2. 匹配原则

匹配是指两种事物之间的关系，产品设计中特指控制器、控制器的操作及其产生的结果之间的关系。操作者与控制器之间形成良好的匹配关系是产品功能顺利实现的重要保障，是人机界面设计时必须关注的问题。如图 4-6 所示的高跟鞋设计，考虑到了一般行走和开车两种状态的不同匹配，进而使产品的新颖性和特异性获得提升，同时保证了驾驶的安全。又如图 4-7 所示的停车架设计，充分考虑了单车使用和道路功能两方面的综合匹配，具有的两种状态分别满足了临时停放和道路平整通畅的功能。

图 4-6　高跟鞋设计

3. 反馈原则

反馈原则指的是产品向用户提供信息，使用户知道某一操作是否已经完成以及操作所

图 4-7 停车架设计

产生的结果。比如用户打字时按下键盘上的"A"键，屏幕上就显示了字母 A，表示操作完成并有效；用户滑动鼠标时，屏幕上的光标键头就随之移动，也是对用户操作的反馈。缺乏反馈的操作将给用户带来很大困扰。设想一下，如果按下了手机上的一个按键，既没听到操作的对应声音，也没看到屏幕显示变化；或是旋转了音箱上的旋钮，声音没有任何改变，那将会有什么样的感觉……在产品设计中，可以运用各种信息进行反馈，如声音、触觉、语言、视觉或是它们的组合。对于不同种类的活动和交互作用，需要确定合适的反馈组合。如图 4-8 所示的钥匙设计，未完成锁门行为前提示灯呈红色，完成后呈绿色，使用户在离开户门后仍可以比较好地进行是否锁好门的确认。

图 4-8 带有信息反馈的钥匙

4. 限制原则

对用户的操作行为进行一定的限制，使其能够正确地实现操作，达到目标，并避免出错。如在使用书写工具时，一般都不会把不同笔的笔帽套错，因为大多情况下，特定的笔帽只能套在相应的笔上。限制可以划分为三个类别：物理限制、逻辑限制和文化限制。

物理限制指的是通过物理对象限制事物运动的方式。如计算机的各种外接设备端口，一般情况下都是一一对应的，基本没有重复，以此避免插接错误。

逻辑限制取决于人们对事物工作方式的理解以及人们对行为及其结果的常识性推理。例如，左右两盏灯配有左右两个开关，人们自然会认为左边的开关控制左边的灯，右边的开关控制右边的灯，如果不是这样，就不符合人们的思维习惯，达不到良好的匹配。图 4-9 所示的整体房间开

图 4-9 房间开关设计

关设计就是依据这样的原则完成的。

文化限制是利用一些已经被人们接受的文化惯例，限定产品的操作方法和形式设计。如用红色表示警示，用绿色表示安全，用刺激的声音表示危险，等等。不同的国家可能存在不同的文化限制，就像红色在中国文化中代表的广泛含义，对于不了解中国文化的人来讲是难于理解的。

四、产品的可用性评估

产品的可用性评估旨在通过评估技术和方法的应用，确保产品具备良好的可用性。对产品的功能进行全面的可用性评估，已经成为工业设计过程中不可缺少的重要环节。

由于产品种类繁多，功能各异，需要评估的特征各不相同，进行评估时也要注意选择相适应的方法。目前，可用性评估的方法有许多种，可以从不同角度进行分类，以下是几种比较主要的常用的产品可用性评估方法。

1. 专家评审

参与评审的专家一般包括图形设计、用户界面设计和交互设计方面的设计人员，以及工效学专家、人机交互专家、心理学专家、工业设计师和其他与项目相关的人员。专家评审可以在设计阶段的前期或者后期进行。对于评审的结果，可以由进行评审的专家提出一份正式报告，其中包含评审中所发现的问题及修改建议，或者由这些专家与设计人员、管理人员直接进行面对面的讨论。值得注意的是，专家评审应该有设计项目小组成员的介入，并且该成员还应了解相关的技术。

专家评审可能出现的问题是专家对任务领域或者用户群缺乏足够的了解。每个专家的风格不同，相互冲突的意见可能使情况变得更复杂。为了使专家评审更有可能取得成功，应该选择熟悉项目情况、知识丰富并且与本组织有着长期联系的相关专家。

2. 同行评估

对某个产品可用性的评估，还可以借助于征求身边同事的意见。这是一种非正式、非组织化的检查。同行评估被广泛运用的主要原因就是简便易行，只需要一点点时间与不同部门间的同事们进行讨论，就可以对产品或是产品原型的可用性进行一定深度的检查。

同行评估主要注意的是效率问题。同事们在一起对几个问题进行反复讨论、争辩，但往往达成的一致见解不多。可以尝试将这种非正式的评估方式，按照一定的结构和程序来进行组织，以更好地达到有效评估目的。

3. 用户调查

用户是产品的使用者，由他们对纸面原型或者设计进行评价，是一种常用且有效的评估方法。用户调查法可以采取问卷调查法和访谈法。这两种方法是社会科学研究、市场研究和人机交互学中沿用已久的技术手段，适用于快速评估、可用性测试和实地研究。

第二节 产品功能中的交互设计与人机界面

　　许多产品都要求用户与之交互来实现其任务功能，如移动电话、计算机、互联网、ATM（自动取款机）等。交互式产品已成为现代人生活的一部分，日常的交流、交往、出行和娱乐都与交互式产品密切相关。在提供强大功能的同时，交互式产品的功能实现往往也变得复杂，成功解决产品设计中的交互问题，开发宜用、有效而且令人愉悦的交互式产品，逐渐成为设计师的重要任务。

一、产品功能实现中的交互设计

（一）交互设计与交互式产品

　　交互设计是一种将人体工程学、人机交互学及相关学科的研究成果运用到实际产品设计领域的技术方法，是优化产品功能实现、提升产品可用性和提升用户体验感（效率）的一种现代设计模式。美国计算机学会（ACM）对人机交互学的定义是"关于设计、评价和实现供人们使用的交互式计算机系统，是研究围绕这些方面主要现象的科学"。

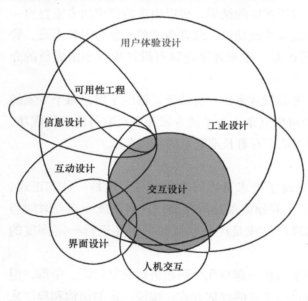

图 4-10　交互设计与相关学科关系

　　产品功能实现过程中，都是或多或少地伴随人机交互活动的发生。传统人机交互中的"机"是指计算机系统，因此它与计算机科学紧密联系，并主要应用于软件开发等领域。而现代的人机交互领域在不断扩展，除了内含计算机技术的一切产品，甚至扩展到可操作使用的所有产品领域，这促使交互设计越来越多地涉及多学科交叉领域，包括工业设计、信息设计、人机工程学和社会科学等，如图 4-10 所示。关注产品交互设计是保障产品功能顺利实现的关键之一。交互式产品则泛指所有类别的交互式系统、技术、环境、工具、应用和设备，这些产品要求用户与之进行交互来完成任务。交互式产品要易学、可用性强并能提供良好的用户体验。

（二）交互式产品的设计目标

　　交互式产品的功能应能满足用户的需要，设计人员在理解用户需要的过程中，还应明确设计的主要目标：可用性目标和用户体验目标。二者在实现上有所不同：可用性目标是关于满足特定的可用性标准的，如有效性；而用户体验目标是对用户体验质量所做的明确说明，如富有美感、令人舒畅愉悦等。

1. 可用性目标

可用性目标通常是要保证交互式产品易学和使用有效果，可细分为以下几方面。

（1）使用有效果　使用有效果也称能行性，是指进行产品功能实现时，系统支持用户的方式是否有效。如图 4-11 所示的车内人员提示装置，直观有效，可以使后面或周边的车辆即时获得信息，并注意避让。

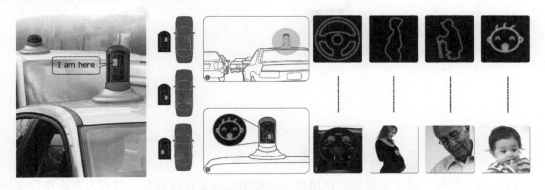

图 4-11　带有信息显示的车内人员提示装置

（2）工作效率高　工作效率高即有效性，是指产品处理同一项任务使用时间最少。信息时代有着明显的快节奏、高效率特征，交互式产品设计是信息时代的产物，必定要极大地体现高效率目标。如图 4-12 所示的两款产品，以交互设计理念极大地提升了功能完成效率。

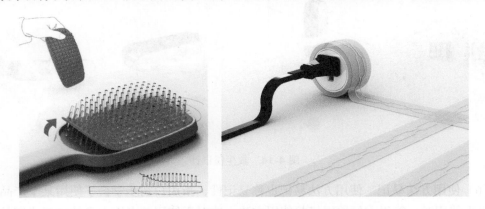

图 4-12　提升工作效率

（3）安全使用　安全性包括保护用户以避免发生危险或令人不快的情形。一方面，设备需保证使用者的健康不受损害；另一方面，系统在任何情况下，应能够避免因用户偶然的不当操作而造成损失或危险。如图 4-13 所示的两款插座设计，为避免误触危险，增加了旋转或翻盖通电的交互动作，提升了产品的安全性。

（4）良好的通用性　通用性指的是产品是否提供了正确的功能类型，以便用户可以做需要做的或是想要做的事情。假设某个绘图软件工具，它不允许用户徒手绘画，而只能使用鼠标点击，并且只能绘制多边形，这个产品的通用性就比较差。

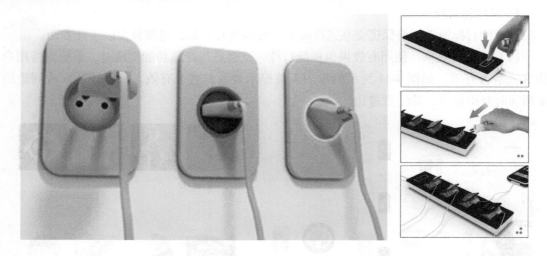

图 4-13　安全插座

（5）易于学习　易于学习指的是用户学习使用系统要比较容易。没有人喜欢花过多的时间和精力去学习使用某个产品，而大都希望能立即或不费多少力气就能初步掌握产品的用法。对于日常使用的非专业交互产品或者紧急情况下的产品使用，更是如此。如图 4-14所示的救生筏设计，操作简单便捷，适合任何人群认知使用。

图 4-14　救生筏设计

（6）使用方法易记　使用方法易记也称易记性，指用户初步学会了使用某个产品系统后，再次使用时，能很方便地回忆起使用方法。这对于使用频率不太高的交互式产品尤为重要。要求产品的设计者必须使系统操作符合逻辑、次序合理并且符合大多数用户习惯。

2. 用户体验目标

交互设计已不仅仅要能提高工作效率和生产力，人们越来越关心系统是否具备其他的一些品质，这就使得研究人员和业界人士开始思考进一步的目标。对交互系统的更多要求，使得可用性目标不足以描述用户对交互行为的全部体验。

用户体验目标不同于可用性目标，更关注用户的主观感受，因此通常用主观性词语描述，比如"引人入胜"、"富有启发性"和"具有成就感"等，也就是用户在购买消费产品

（服务）和使用过程中所获得的各种正向感受。用
户体验的研究初期主要应用于娱乐、游戏和电子竞
技等行业的产品开发中，但随着人们对生活和工作
品质提升的需求，这种研究已经渗透到更多的日常
用品领域。如图 4-15 所示，一般浴室花洒头都要插
在环形扣上才可以固定，淋浴时要多次取下又插上，
非常不便。美国华裔设计师 Elvin Chu 设计出一款名
为"Well"的磁力花洒，花洒头和配合使用的固定
架均以塑胶制成，内藏磁铁。固定架并非环形结构，
而是与花洒头弯曲顶部吻合的兜形。淋浴时不用像
传统花洒固定架般找对位置，只需把花洒头随意放

图 4-15 磁力花洒

近固定架，就可以将花洒头吸住。此外，由于没有传统固定架的环形扣，花洒头的转向角
度也没有限制，可以随意调整角度喷水。这种交互模式的改变，明显提升了体验感。

　　研究用户体验因素通常采用访谈法、问卷法和用户参与性的研究方法。用户体验目标
与可用性目标之间存在权衡折中的问题，理解这一点非常重要。在实际设计中，往往是满
足某一些目标，就不得不以损失另一些目标为代价，例如，要设计一台安全性要求较高的
机械设备，这当中的有趣、娱乐等用户体验成分就会被忽略，甚至禁止。因此，在具体设
计中，设计师需要决定，到底哪些目标是最终要的，从而采取合理的取舍。

二、产品交互设计的步骤与方法

　　交互设计是一个要求创造性的实践过程，
目的是开发交互式产品，帮助用户实现其
目标。其整体过程就是根据用户需求，考
虑产品应用和相关的实际限制，从而提出
设计方案。而且应该提出多个候选方案，
让用户进行评估选择。交互设计的过程方法

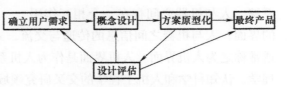

图 4-16 交互设计的过程

与产品设计的基本流程相似，主要步骤包括以下几个方面，如图 4-16 所示。

　　（一）确立用户需求

　　为了设计某个产品，并实现其功能，首先必须了解谁是目标用户，交互式产品应为
他们提供哪些支持，他们有哪些需要没有得到满足，这些需要构成了产品开发的基础。所
以，通常把确立用户需求作为交互设计的起点。

　　（二）概念设计

　　概念设计就是构思针对用户需求的最合理解决手段，包括概念生成、概念选择和概念
测试。

　　（三）方案原型化

　　随着设计过程的深入，需要令设计概念更加具体化，以便发现其中的问题。制作原

型，与最终目标产品形成一种近似，以便设计团队内部和与用户之间进行交流和评价。将设计概念原型化能够避免用户产生误会，也有助于测试设计方案的可行性。

（四）设计评估

评估是为了预判断最终产品的可用性和用户体验程度。评估提高了用户对最终产品的参与程度。设计人员不应该假想用户都同自己一样，也不应该假设遵循设计指南就足以确保良好的可用性，需要对设计进行评估，以检验用户能否使用以及是否喜欢这个产品。

交互设计是一个循环上升、逐渐趋近最终产品的过程。在具体项目中，循环的次数由项目团队可支配的资源决定。另外，以用户为中心的设计思想贯穿于每个环节，并使团队的每个成员达成一致。但同时必须根据具体项目把握用户参与的程度，用户仅仅参与评估和全职作为项目的开发者之一是截然不同的。设计与评估是相辅相成的两个活动，往往交织在一起。评估存在于设计的每个阶段，但不同的阶段可采取不同的评估方法。

三、交互式产品中的人机界面设计

人机系统是由相互关联、相互作用和相互依赖的若干部分组成，具有特定功能的有机整体。一般来讲，人与机器在这个系统中通过控制与显示等交互过程共同实现系统的功能，如图4-17所示。

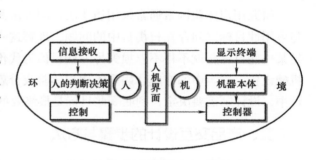

图4-17　人机交互系统模型

（一）产品中的人机界面

产品功能实现往往依托于人机交互系统。人与机器之间存在一个相互作用的界面，人与机器之间信息的传递与交流，人的控制活动的实施都是通过这个界面进行，通常称之为人机界面。人机界面是作为人机系统的一个重要组成部分，是计算机科学、心理学、认知科学和人机工程学的交叉研究领域。

所谓界面，是个体间相互联系的空间和通路。人机界面（Human-Computer Interface）、用户界面（User Interface）传统意义上指的是计算机软硬件系统中用户看得见摸得着的部分，软件部分如屏幕上的图像、文字、图标和窗口等，硬件部分如键盘、鼠标和手柄等。扩展到普遍意义的产品设计领域，界面的概念有了进一步的延伸。人机界面是人与机器进行交互的操作方式，即用户与机器互相传递信息的媒介，包括信息的输入和输出。好的人机界面美观易懂、操作简单且具有引导功能，使用户愉快，增强用户使用兴趣，从而提高使用效率。在产品使用与功能实现中，界面是人与机器发生交互关系的具体表达形式，是实现交互的具体手段。如果把产品功能的可用性比喻为产品的灵魂，那界面则可称为负载灵魂的肉体。需要注意的是，交互与界面都只是解决产品使用中人机关系和提高产品可用性的手段，而不是最终目的。

根据交互对象的不同，人机界面可以分为硬件界面和软件界面。硬件界面指人和所使用的各种有形体、机具构件构成的界面，属于人与物理实体之间的界面，如图 4-18 所示的插头的创新设计就是一种硬件界面的改变尝试。软件界面主要是人和某些程序、规程和使用方法等构成的界面，其中最主要的是人和程序构成的界面，如手机操作系统以及各类 App 等。

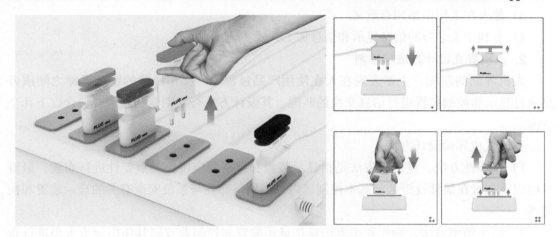

图 4-18　插头的创新设计

（二）人机功能分配与界面设计原则

1. 产品中的人机功能分配

　　机器可以降低人的劳动强度，也是人自身能力外延的工具。在产品设计中，人机功能分配要合理，人与机器要相互配合、发挥各自的优势，使人机系统的效能、可靠性和安全性达到最优。依据于特征比较，人机功能分配的一般规律是：凡是快速、精密、笨重、有危险、单调重复、长期连续不停、复杂、高速运算、流体和环境恶劣的工作，适合由机器承担；凡是对机器系统工作程序的指令安排与程序设计、系统运行的监督控制、机器设备的维修与保养、情况多变的非简单重复工作和意外事件的应激处理等，则由人承担较为合适。如图 4-19 所示的几款产品设计，都是考虑机器优势而进行的设计，把原本由人实施的行为通过功能分配转移给产品（机器），获得更好的使用效果。

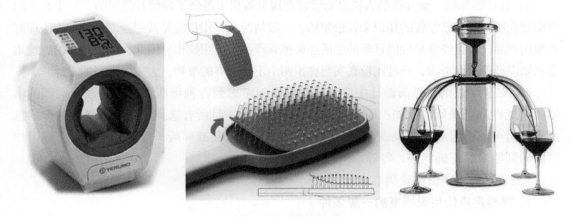

图 4-19　人机功能分配

人机功能分配应该遵循的基本原则是：

1）选用最有利于发挥人的能力和操作可靠的匹配方式。

2）使人操作起来方便、省力。

3）使人在工作中感到有意义。

4）有利于人学习的信息显示和信息加工方式。

2. 人机界面设计方法与原则

人机界面的匹配，主要表现在人在使用产品过程中，操作接触的物理界面之间或者是通过显示和控制装置进行信息交换的匹配。其设计方法与原则概括起来，包含以下几个方面。

（1）人机界面设计方法

1）重要性方法。重要性方法是指显示装置和控制器应按照其重要性进行布置，最重要的应该布置在最佳视野区和基本控制区内，特别是那些与系统安全有关的显示装置和控制器。

2）操作频率方法。操作频率方法是指显示装置和控制器按照其使用频率大小进行布置，使用频率越高，越应该布置在操作者最佳视野区和基本控制区内。

3）功能分组。显示装置和控制器可以按照其功能进行布置，称为功能分组。在进行功能分组中，相关的显示装置和控制器应当布置在相互对应的位置，形成功能组。

4）顺序分组。与功能分组原则相似，显示装置和控制器还可以按照其使用顺序进行布置，称为顺序分组。

（2）交互人机界面设计的基本原则

1）易用性原则。高效率和用户满意度是"以用户为中心"设计宗旨的最高体现。界面的简洁是要让用户便于使用和了解，并能减少用户发生错误选择的可能性。

2）规范性形式美原则。优良的人机交互界面，其内容结构必须清晰且一致，界面设计中用到的视觉元素和形式构成除具备必要的形式美法则外，还应遵循相关的标准法规，界面风格必须与产品形式内容和功能特征相匹配，严格遵循企业界面风格的一致性和延续性。

3）合理性原则。交互性的人机界面设计在视觉效果上是便于理解和使用的，一个有序的界面能让用户通过已掌握的知识来轻松使用。一般情况下，用户总是按照他们自己的方法理解和使用产品，而且经常是凭借日常的生活经验摸索产品的使用操作，因此，应从用户的思维角度和知识经验层面考虑，通过比较真实与虚拟两个不同世界的事物，去完成更好的设计。

4）安全性原则。界面设计中应当尽量周全地考虑到各种可能发生的问题，做到使出错的可能性降至最低。比如：用户能自由地做出选择，且所有选择都可逆，必要时有信息提示；对可能引起致命错误或系统出错的操作要加以限制或屏蔽，或者通过补救措施用户可以回到原来的正确状态，等等。

（三）产品用户使用说明书设计

1. 需要用户使用说明书的一般条件

什么情况下要给用户（使用者）提供说明书，首先要看在什么情况下不需要说明书。

这类情况可以归纳为以下四种，如果不能用下述方式告之用户操作使用方法，则必须要给用户提供使用说明书。

1）当产品使用已经成为文化或社会化的一部分，完全可以通过家庭口传或生活观察来掌握使用方法，如餐具、日用品的使用。

2）产品的用户界面通过形状、结构和颜色等提供了使用符号，人人都能认知理解。比如椅子通过它的形状告诉人"坐"的符号和含义。

3）产品的操作使用符合人们的经验常识，例如右手螺旋法则，只要看一看、试一试，就能很快熟练掌握使用。

4）产品人机界面提供了操作使用意图，例如热水器上的示意图告诉了用户如何注水、加热、调节水温和控制水量等，通过这些图示，用户可以懂得使用方法。

2. 用户使用说明书的特点

产品用户使用说明书也是一种延伸的产品人机界面设计，以用户为中心的说明书应该具有以下三个特点。

1）符合使用者动机和目的，以清晰传递产品的操作使用为中心。

2）结构和表述应当考虑用户及使用者的知识水平，而不是一味以产品原理为中心。

3）注重实用、通俗和简短，容易被一般使用者理解接受。

用户阅读说明书的目的是为了学会操作使用产品，说明书应包括概念描述和操作过程两方面，并必须配备相应的示意图，减少文字描述。人们学习使用日常工具和用品时，主要不是靠阅读说明书，而是靠尝试，说明书应当给用户传递这一信息。

第三节 产品设计中的语意传达

产品设计中的语意传达，便是通过符号来满足消费者心理、社会和文化方面的各种需求。符号作为人类文化的产物，凝聚着人类沟通情感的渴望。产品中的语意符号设计是希望通过人类文化中的深层内容，使产品具有更多的内涵。

一、产品语意与设计思维

（一）产品语意的形成

产品语意设计是通过相应符号使产品传达出特定内涵意义。现实生活中，符号的外延掩盖了内涵，出现在了首要位置，内涵往往容易被忽略。比如通常所说"买台计算机""买一部手机"，无论"手机"或者"计算机"，都只是一个外延，即使更详细些的品牌、技术参数和价格描述，也仍然多是外延属性，内涵少之又少。着眼于现今消费者对产品的需求，其价值取向除基本物理功能的良好外，还有更多内涵层面的要求，如操作是否简便易懂，是否能够体现出个性趣味，等等，而后者正越来越多地起到左右消费的作用。产品设计中关注语意传达就是希望赋予产品更多、更明确的内涵，以增添产品的附加价值，如图 4-20 所示。

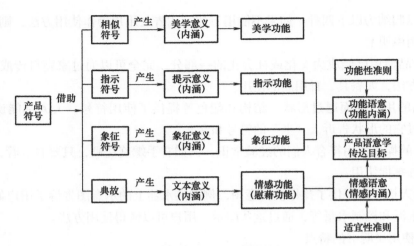

图 4-20　产品语意的形成

通过产品语意的传达，一方面可以表现出产品本身无法直接向使用者展示的产品固有外延，即通过对产品的构造形态设计，表达产品的物理性和生理性功能价值，如产品有哪些作用、如何正确操作、性能和可靠性如何等；另一方面，可以解释产品外延以外的东西，即产品在使用环境中显示出的心理、社会和文化方面的象征价值，如产品给人高级、有趣、可爱的感觉，或可以通过产品感受文化象征，或由一系列产品形象传达企业自身的品牌形象，等等。

（二）产品语意中的意识形态

在产品设计领域，意识形态通常被融于具体的表现中，和各种设计风格、流派联系在一起——折中主义、装饰艺术风格、结构主义、现代主义、有机主义、典雅主义、未来主义、新现代主义、后现代主义、高技术风格、解构主义、梦幻风格、隐喻风格、戏谑风格、仿生风格、复古风格、乡土派、绿色环保派等。

许多设计都包含渗透着深刻的意识形态内容，显得意义深邃，成为不朽的经典。图4-21 所示的设计就深刻体现了这一点：图 4-21a 所示是麦金托什设计的椅子，深刻体现了设计师当时反传统的前卫精神；埃罗·沙里宁设计的郁金香椅，如图 4-21b 所示，体现了其富于人情味的有机现代主义思想；而图 4-21c 所示的意大利激进组织设计的名为 Miniature Bocca 的沙发，则体现了强烈的波普风格和玩世不恭的享乐主义精神。

a)　　　　　　　　　　　　b)　　　　　　　　　　　　c)

图 4-21　产品语意中的意识形态

（三）产品语意传达中的开放性设计思维

产品语意设计涉及意义和符号，要使产品包含丰富新颖的语意，需要运用开放性的设计思维，从更广阔的范围内获得产品语意传达的灵感。以符号学的观点理解，产品语意设计是对现有产品的诠释性改编，是一种以原创为基础的改造活动。图4-22a所示的瓦西里椅是马歇·布鲁尔设计的世界上第一把钢管椅，极具原创性。然而他同样需要利用业已存在的概念和惯例来进行设计，对原有"椅子"概念的新颖诠释依旧源于包豪斯的民主、科学的设计思想，并受到荷兰风格派与苏联构成主义形式风格的深刻影响。而图4-22b所示的美国解构主义大师弗兰克·盖里1972年设计的椅子，同样极具原创性，然而也是受到已有社会文化因素的影响，设计理念是其建筑思想的延伸，并且受到法国解构主义哲学家雅克·德里达思想的深刻影响，是类似的解构主义意识形态在其产品设计中的体现。

a)   b)

图4-22　产品语意的诠释

现实设计活动是建立在商业行为之上，语意设计需要有意识地运用消费者能够理解和接受的符号来实现，以达到使消费者能够更好地理解、使用和享受产品的目的。产品语意的传达如同用文字书写文本，并不是绝对原创性的活动，而是一种诠释性的活动。灵感不会自然而然地从内心生发，只能由外部因素激起，对其他事物的参考、借鉴和引用是必然和必需的。图4-23所示是一个产品的语意设计思维模式，可以根据两个轴展开：水平轴连接产品的设计者和使用者，垂直轴连接这一产品和其他产品或事物。依据此原理进行如图4-24所示小产品的设计。产品语意思维在两个维度上展开：一是与功能性（护角、钥匙挂、袜子包装）的联系；二是和某些事物，如小动物、钥匙和彩色油漆刷等之间的联系。

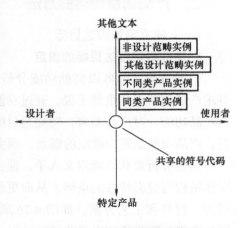

图4-23　产品语意 思维模式

图 4-24 产品语意联系

产品语意设计中，探究产品中可能包含的与其他符号之间的联系，并积极加以运用，是创造形成有效语意传达的关键所在。隐喻丰富的产品都清楚地传递着改造相关原始材料的信息，如图 4-25 所示的 Alessi 同台北故宫博物院合作，用清朝经典肖像语意设计的一些厨房产品，比如计时器、椒盐胡椒粉瓶子等。

图 4-25 产品语意信息传递

二、产品语意传达的方法

（一）建立语意传达目标

1. 功能语意传达目标的设定

一般情况下，可以借助功能分析对产品功能语意的传达目标进行设定。功能分析是寻求产品创新点的重要手段。通过功能分析，可以将设计师的注意力从产品的结构形式转向产品功能。对产品而言，功能是目的，具体结构形式只是实现功能的手段；对设计师而言，产品功能是较为稳定的概念，而实现特定功能的手段则可能多种多样。

功能分析要从功能定义入手，通过功能定义把产品功能从产品实体中抽象出来，摆脱实体结构与材料特性的束缚，从而更利于根据特定的功能目的，设计出实现该功能的新的结构、材料和工艺方案。如图 4-26 所示的钥匙挂钩设计，巧妙地运用人们熟悉的安全带锁扣形式，隐喻传达出了产品的操作方式。

2. 情感语意传达目标的设定

情感语意属于产品的精神功能内容，也可以纳入功能分析之中进行目标设定。但由于产品精神功能涉及更为复杂和多变的诸多因素，并不稳定。因此，产品情感语意传达目标的分析和设定将变得复杂，需要根据企业具体要求和市场形势而定。如图 4-27 所示的两种语意传达所蕴含的情感内容是有着很大区别的，也是不同环境背景下的产物。

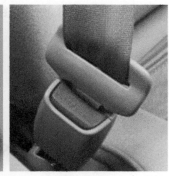

图 4-26　钥匙挂钩

图 4-27　情感语意设计

（二）借助符号作为手段实现语意传达

1. 借助产品形式本身具有的符号属性传达产品语意

对于人类而言，产品形式包含的每一个元素和其间的组合关系都能传达出特定的心理感知。设计师有意识地利用这一点，就可实现恰当的语意传达。一般情况下，设计师可以通过以下产品形式元素的组合方式来传达语意细节。

（1）形状呼应　如图 4-28a 所示，勺子的形状与杯子壁厚适度呼应，明确传递了如何放置的语意。

（2）质料色彩对比　如很多产品的电源开关通过与主体质料色彩的对比突出了操作部件。

（3）方向定位　如很多打印机进出纸张方向上的线条结构，在增加壳体强度的同时对纸张的进出方向进行了语意传达。

（4）空间关系　功能元素间的空间关系可以传达出层级、顺序和方向等语意，如家用电器各类遥控器上各种按钮排列的空间关系传达出了特定的功能组群含义。

（5）强调与弱化　强调可以鼓励操作，弱化甚至隐藏则有削弱和阻碍操作的作用，如图 4-28b 所示通过形态处理，突出了冰箱的操作部位，传达出了引导操作的语意。

（6）分区定位　如一些复杂或精密产品操作通过层次性分区暗示了不同的功能区域。

（7）集中与分散　如图 4-28c 所示的数码相机中不同大小的按钮，是强调和弱化的语意体现。

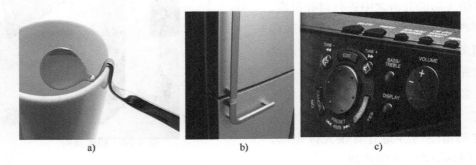

图 4-28　元素组合的产品语意

2. 借助符合生活习惯的符号传达语意

产品形式本身具有的上述符号属性简便好用，但仅仅使用它们是远远不够的。因为这些语意传达的要素组合方式虽然具有普遍性的优势，但同时也存在单一性的问题。语意传达在方式和内容上的丰富性需要更多信息内容的融入，需要发挥联想力，创造出更多符合生活习惯认知的语意符号，如图 4-29 所示的如影随形的杯垫、脏衣箱和 CD 开关的设计。

图 4-29　生活体验中的语意符号

（三）通过邻近性符号传达功能语意

在产品语意表达中，通过邻近性符号传达功能语意，可以有效地表现出潜在的功能性所指，如产品的功能和操作方式等。

1. 效果替代原因

产品的使用效果和品质往往是抽象的，很难通过产品形式直接表达出来，设计师可以运用替换性的表达间接将其展示出来。图 4-30 所示电动工具的按钮采用了高纯度的红色，不但与机身色调形成鲜明对比，突出了其

图 4-30　电动工具

重要性，也暗示了其操作效果——按下按钮后电动工具便会运转起来，这是通过红色的联想性意义所产生的。

2. 使用者替代使用对象（或使用方式）

图 4-31 所示是科拉尼设计的佳能照相机方案。观察窗处抽象的眼睫毛形态以及调焦处的指痕形态，巧妙地指示出照相机的操作方式。当操作照相机时，眼睛和手会出现在指示处，形成一种邻近性关系。与人机工程学相配合，许多产品语意有着与人体相关的暗示，人的身体是设计师最有力的也是最常用的语意资源。

图 4-31　佳能照相机

3. 内容替代形式

图 4-32 所示是一个用来存取奶酪的容器，设计师为了表达其功能属性，将其设计成了抽象的"牛头"形态，暗示了这一产品的功能和奶牛的关系。

4. 整体与部分的替代

图 4-33 所示的计算器设计虽然简洁美观，但却不便于认知和操作。具体产品设计中，可以通过整体替代部分和部分替代整体的方式来简化人们的认知，电器和电子产品的电源开关键一般便被设计得非常显著惹眼，正是这个道理。

图 4-32　奶酪容器　　　　　　　　　　　　　图 4-33　计算器

（四）通过符号的类似性联系传达功能语意

1. 基于形式类似的隐喻

产品语意设计中，许多隐喻所传达的内涵意义与其功能意义没有什么直接关联，往往是一种与产品形式的类似性联系。设计师在构思这样的隐喻时可能并非仅从形式类似上考虑，而是与产品所处语境意义关联起来。图 4-34a 所示的浴巾设计，图案选用瓷砖形式，隐喻了产品与洗浴语境的关系。

2. 基于意义类似的隐喻

这类隐喻可以通过产生内涵，间接传达出产品无法直接传达的功能性意义。图 4-34b

所示的防滑倒指示牌，巧妙运用与滑倒具有形象意义联系的香蕉皮形态语意，起到了提示作用同时，使接触者在认知时会觉得更为直观和亲切。

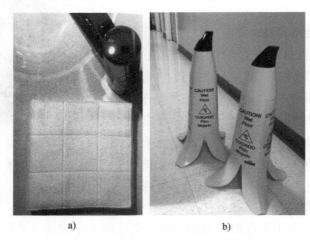

a)　　　　　　　　b)

图 4-34　设计中的隐喻

隐喻可以运用在较为复杂的产品中，如技术含量较高的电器和电子产品，通过使用者更为熟悉的形象来进行人机间的沟通，以降低初次使用的陌生感。

三、语意设计练习

练习 4-1　在理解符号概念的基础上，选择 5 个你感兴趣的"时尚"符号，分析它们是如何体现"时尚"内涵的，并尝试将其作为元素运用于手机设计中。

练习 4-2　好的产品不仅仅要具备良好的物理功能，还要能够提示如何操作使用，并具有良好的象征功能。在理解这一点的基础上，分别搜集 5 个你认为在产品语意学方面处理得比较好和较为欠缺的案例，并阐明理由。

练习 4-3　"江南"一词往往体现了一种独特的意象，请搜集尽可能多的能表现这一意象的符号，将其中最典型、最适合体现"江南"意象的符号作为元素进行语意性设计，来表现"江南"的内涵，并选择其中你认为最典型、最合适的符号作为元素运用于日用品的设计中。

练习 4-4　任意选择你感兴趣的符号，结合"餐具"这一主题进行语意性设计，比如筷子、碗、碟、汤勺、刀、叉、杯盏等，任选 3~4 件进行成套设计，注意风格的一致性。

第四节　产品形态塑造与色彩设计

产品设计最终通过艺术形式和物化方式展示并完成设计目的，即是一种"形式赋予"的活动。现代产品设计，是先进科技成果在工业生产中的应用，是优良功能与现代审美观念的高度结合。产品具有的形态和色彩质地等一系列非功能性因素往往给人留下强烈的第一印象，有时甚至成为消费者购买消费的直接诱因。

现代产品形态的完成，依赖于造型要素和形式法则的支撑，通过两者的共同作用来展示产品形态美感，使人们拥有现代科技带来功能便捷的同时，体验越来越高的审美享受。设计中对于艺术与审美的追求，使得设计的形式问题，永远不可能是次要问题，并且设计的形式必定成为实现设计完美性的一个重要组成内容。

一、产品形态的基本构成规律

（一）产品设计中的形态理解

1. 形态内容的认识理解

广义上来讲，"形态"包含两个层面的内容：一是指物体的外形或形状；二是指蕴含在物体内的"神态"或"精神态势"，两者结合起来才是物体的完整形态。狭义上的形态指的是物体的具体形状。

从设计角度讲，不能离开具体产品去谈论形态。随着市场全球化，审美表现日趋多变，个性化、差异化设计导致产品形态丰富多彩，同时新技术和新材料的应用为更为自由的产品形态塑造提供了基础。

2. 产品设计中的形态表现

在产品形态设计中，可以通过各种方法和手段，使产品形态呈现出不同的感觉，这就是产品形态的表现力。通过对产品形体、材料、结构和质地等构成产品外形的要素进行设计，可以获得不同的表现力。

形态是一种符号，是产品外在形象和信息的综合体，也是产品功能质量和造型质量的外在反映。形态作为产品的表面特征应该是便于理解、易于记忆和认知的，又常常具有某种特定的象征性和喻义色彩。人们通过它可以联想到产品的功能或更多方面，如感觉到其技术层次、时代感、民族感或产品给拥有者带来的荣誉感和满足感等。如图 4-35 所示的几款红酒酒架设计，在实现基本放置功能之外，迥异的形态产生不同的喻义传导，令人有不同的心理感受。这些功能之外的象征与联想，是在产品设计形态塑造时需要非常重视的，它们往往可以给产品带来意想不到的效果。

图 4-35　产品设计中的形态塑造

（二）产品形态塑造与功能约束

1. 形态塑造方法

现实生活中的产品多种多样，都有各自的形态特征。在具体设计中，产品的形态是由其功能、材料、结构和机构等基本要素综合而成的。在进行产品形态设计过程中，根据形态形成和变化的基本要素特征，可分别从形态与功能、形态与材料、形态与结构和机构等几个方面考虑，形成形态塑造中的材料、结构和功能等多种途径。另外，形态塑造往往不会机械地依据单一途径完成，而更多的是通过综合多种途径并经设计师的协调处理来实现。

2. 产品形态设计中的功能约束

产品形态的设计与创造，不同程度地受到产品自身所要体现的物质功能和精神功能的影响和约束。物质功能是影响产品形态设计的关键因素，具体包括功能实现方式、使用操作的人机界面和技术支持等。产品存在的目的是提供给人们某种实际用途，形态只是实现功能的载体，其设计要以最大限度实现产品物质功能为基准。

精神功能是产品物质功能的延伸。随着社会发展和物质丰富，人们越来越注重产品的精神功能，即产品形态的多样化、差异化、情趣化等内容带来的愉悦和美的享受，使得"形式追随功能"有了新一层的含义。近年来，产品设计中对于CMF（Color, Material & Finishing）研究的关注也为通过形态提升整体产品功能提供了更好的支撑。但无论怎样，产品的实用物质功能仍是形态设计时要优先考虑的，物质功能和精神功能之间"度"的把握在做具体设计时应酌情而定，使二者在不同性质的产品上得到恰当的发挥和实现。

二、产品形态塑造中的色彩设计

（一）色彩具有较强的视觉表现力

人类接收外部信息的感官中，视觉接收信息能力最强，把握信息最准确。产品形式中与视觉相关的要素有三个：形态、色彩和质感（材质），三者组成一个相互依存、不可分割的整体。在某些情况下，色彩的重要性强于形态和材质。因为相对于形态和材质，色彩更趋于感性化，更能打动人并直接表达某种情感。在工业产品中，好的色彩选择和配置，能给人产生强烈的心理作用，甚至可以左右人的情绪，改变人的行为和性格。

产品设计中合理利用色彩设计，不仅能满足人们身心匹配的需要，还能激起消费者的购买欲望。在同等技术条件下，产品的竞争取决于设计的竞争。对于一个成熟产品，要提升它的市场竞争力，改变其色彩相对于改变形态和材质来说要更方便，且容易出效果。

（二）产品色彩设计的一般方法

1）用不同的色彩表现同一产品造型，形成产品纵向系列，如图 4-36a 所示。

2）用不同的色彩对同一产品形态进行分割，形成产品纵向系列，如图 4-36b 所示。

3）用同一色系，统一不同种类、不同型号的产品，形成产品横向系列，如图 4-36c 所示。

4）用色彩区分模块，体现产品的组合性能，如图 4-36d 所示。

5）用色彩进行装饰，产生特殊的视觉效果，如图 4-36e 所示。

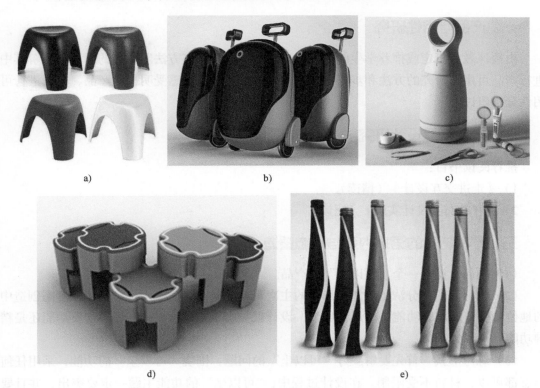

a) b) c)

d) e)

图 4-36　产品色彩设计

三、产品设计中的 CMF

随着技术发展以及对于产品形态设计全方位和细节性的关注，现实中比较复杂的产品设计，除了单独的形态、色彩和材质设计，开始更多在产品形态基础上的色彩、材质和表面工艺的综合设计上进行研究与考虑，即 CMF。CMF 是关于产品设计的颜色、材质与工艺的基础认知。CMF 不能等同于简单表面处理工艺，它的设计考虑是联系产品本身与用户之间的深层感性部分，更多应用于产品设计中对色彩、材料和加工等的细节处理。

例如：关门的声音取决于门的材料，把手传热能力取决于表面加工，或者汽车转向盘较紧凑的结构及较软的表面处理能给驾驶者充分的安全感，等等。这些设计考虑的角度已经在一定程度上超越了形态、色彩甚至于一般性的材质设计，必然会成为未来产品设计深入发展与提升的一个必然方向。本书因篇幅所限，不在此展开详述。

第五节 设计研究与实践

一、产品可用性研究

由授课教师指定或推荐学生阅读相关"产品可用性研究方法"方面的书籍，了解其中进行产品可用性研究的方法和步骤，并结合生活体验和身边感受明显的产品，分组进行可用性分析研讨。

二、产品交互设计研究

推荐阅读书目：
1)《走进交互设计》（精读）。
2)《产品交互设计实践》（泛读）。

三、产品功能的语意构建与形态塑造

（1）题目　设计一个"可以坐"的产品。

（2）练习目的　分清楚功能与形态的主次、从属关系，使学生了解功能在形态创造中的地位和价值，离开功能去谈形态创造，设计就失去了它的意义（不管是物质功能还是精神功能）。

（3）练习形式　首先要解决好"可以坐"的问题，围绕"可以坐"的功能，采用任何形态都可以，材料不受限制。在设计过程中，"可以坐"的功能主题一定要突出，并且要在设计草图中加以表达，在设计报告中有详细的功能分析和形态创造的过程。

（4）提示方向　"可以坐"的概念非常广泛，它远不只是人们常规思维中"四条腿"椅子才具有的概念，只要有一个能支撑体重的物体都"可以坐"比如：一张纸放在地上就"可以坐"了；一根细木棍竖立不能坐，但横着"可以坐"；竖立一根木棍不能坐，但竖立十根、百根就"可以坐"了。还可以从"可以坐"的状态分析入手，静止状态"可以坐"的东西是什么样子，运动状态"可以坐"的东西又是什么样子……打破常规思维中"可以坐"的概念，去创造新的形态。

四、象征性产品形态与色彩设计

（1）题目　趣味生活用品设计。

（2）练习目的　充分激发学生的创造性思维，引导学生从自然、生活中提炼优秀形态为设计所用，同时锻炼学生抽象概括与设计表达的能力。

（3）练习形式　自选一件生活用品，通过丰富的对比、想象，创造出一个象征形态。象征形态要有一定的趣味性与亲和力，引用象征的题材不限。同时考虑色彩设计方法在形

态塑造中的协调运用。

（4）提示方向

1）可对现有生活用品进行设计，也可以设计一个全新的生活用品，以增添生活情趣。

2）参考范围：起瓶器、蛋杯、调味盒、水果盘、餐具、衣帽挂钩、伞架、CD架、香皂盒、化妆盒、牙刷、牙刷插筒、剃须刀、厕所刷子等。

4-1　结合专业学习的相关知识和生活体验，思考"用户研究""交互体验"等设计前期工作对于产品设计的重要影响。列举生活中可用性设计优异的产品实例。

4-2　产品语意运用是否要考虑功能形式的匹配性或对应性？尝试举例说明这个问题，阐述自身观点。

4-3　如何看待现今产品设计中，"形式"的功能作用延伸使其成为设计师必须重点关注解决的内容？

第五章 产品设计的工程实现

> 通过对本章的学习，使学生进一步树立产品设计中的工程意识，掌握产品设计的工程性原则，并对典型的造型材料效果运用和产品结构有所熟悉，同时一般性了解现代制造技术的主要发展状态。
>
> 本章侧重以案例分析的形式，通过教师和学生对具体设计的共同分析评价，拓展学生对于产品设计中工程问题的认识，并结合设计研究与实践，巩固深化课堂知识。

第一节 产品设计中的材料与加工工艺

产品设计中，设计师通常用熟练的表现技法在二维平面上塑造产品的形态和效果，或者用一些非实际生产的替代材料制作模型，来表达产品概念或者进行使用操作检验。但这些方法往往无法表现出设计方案在最终加工过程中材料和工艺的真实情况，从而导致原始产品概念难以有效实现，甚至整体设计的失败。因此，产品设计中材料和工艺的合理选择与深入研究，是新产品开发得以顺利完成的保证，也是在设计基础上提升产品品质的关键途径。

产品设计中的加工工艺选择主要取决于材料特征，本章重点以金属和塑料为例，阐述产品设计形态塑造中的材料选择与工艺实施。其他如木材、陶瓷和玻璃等常用产品设计材料的使用特点，可以借鉴相关专业书籍进行学习。

一、金属材料与成形工艺

在工程中，金属材料主要以合金的形式出现。每种金属都有其独特的力学性能和物理性能，从而能胜任某种特殊的用途。各种合金材料的不同力学性能可以满足不同产品的特殊性能要求。

金属材料工艺性能优异，能够实现产品的多种造型和视觉效果，随着其加工工艺的日臻完善，也对产品设计，尤其是对相关产品综合品质塑造方面产生了重要影响。

（一）金属性能

了解金属性能可以使设计师知道为什么某种形状最适于某种特定的应用，以及从一种材料中如何得到最佳的性能。选择使用金属材料时，主要考虑的力学性能包括：硬度、韧性、抗剪强度、应变、弹性、塑性、抗拉强度、屈服强度和伸长率。金属材料的物理性能是材料固有的属性，通常不易改变，但力学性能通过加工处理（如热处理）能够发生改变。在产品设计中，正是利用这一特性，来达到设计中的特殊要求。

金属分为黑色金属和有色金属。有色金属力学性能和物理性能的范围比较宽，其中铝、铜、镁、锌合金是在工业产品设计中较常用到的有色金属。以镁为例，由于它具有低密度和良好的强度，可形成极高的"强度 - 质量"比，是日常应用中最轻的结构金属，因而普遍应用于运输业和娱乐行业。镁合金还能够灵活吸收能量并具有中等强度，具有良好的耐冲击、耐腐蚀、耐疲劳和高阻尼特性，视觉效果优异，越来越多地应用于一些产品设计领域，如苹果公司出品的手机、笔记本计算机等。

（二）金属成形

金属成形的方法一般依据其所处状态决定，通常情况下有三种方法。

（1）液体状态成形　液体状态的金属通过铸造成形工艺，将受热熔化的金属浇注到铸型中，得到所需的工件。铸造成形工艺效率相对较高，尤其是对于复杂零件，但高精度控制比较困难。

（2）塑性状态成形　棒料和预成形的零件被加热到接近熔点温度，处于塑性变形状态，通过锻打成形。这种成形工艺可以提高零件的强度，改善材料原有的力学性能。

（3）固体状态成形　一般在常温下进行。随着计算机辅助制造和智能加工技术的发展，这类成形工艺的时间和成本都大幅度降低，如目前应用广泛的 CNC 技术在产品设计中的壳体和零部件加工方面起着越来越重要的作用。

（三）金属材料表面处理工艺

产品外观的形成，一方面得益于形态设计与整体成形工艺，另一方面则依赖于后期的表面加工和涂饰，也就是第四章中提到的 CMF。金属材料外观处理一般可包括表面精加工处理、表面层改质处理和表面被覆，见表 5-1。

表 5-1　金属材料表面处理工艺

种　类	效　果	手　段
表面精加工处理	使产品表面具有凸凹纹理，光滑、美观、精致	机械加工：内模成形、切削、研磨、研削 化学方法：表面清洗、蚀刻、电化学抛光
表面层改质处理	改变材料表面色彩、肌理和硬度，提高金属表面的耐蚀性、耐磨性和着色性能等	化学方法：化学处理、表面硬化 电化学处理：阳极化氧化
表面被覆	改变材料表面的物理化学性质，赋予材料表面新的肌理、色彩和硬度等	金属被覆：电镀 有机物被覆：涂装、塑料衬里 陶瓷被覆：搪瓷、景泰蓝

1. 表面精加工处理

表面纹理在产品设计中起着重要作用，既可以改善产品外观效果，又可以提高产品使用中的功能性。如一些把手的纹理设计，可以形成层次丰富的产品视觉效果，改善持握的手感，还可以弱化和掩盖加工制造和使用中造成的划伤、瑕疵。金属表面精加工方法很多，较常用的有机械加工方法和化学方法。

（1）切削和研削　这是指利用刀具或砂轮对金属表面进行加工的工艺，可以得到高精度的装饰性表面效果。如图 5-1a 所示的由斯蒂芬·纽拜设计的"带塞子的抛光不锈钢容器"，枕头造型柔和的视觉效果与其坚硬的金属质地形成了强烈的对比。抛光研磨工艺的应用令其看起来并不如想象的那样坚硬，外观柔和而灵活。

（2）研磨　研磨是指用砂纸、金刚砂布、皮革织物或金属丝修整平面或圆柱表面，达到把金属表面加工成平滑面效果的一种精细工艺。研磨可以得到光面、镜面和梨皮面的效果。如图 5-1b 所示的林德伯格公司设计出品的眼镜盒，研磨工艺的应用，使得眼镜盒的设计更加朴素、简洁。整个设计的理念在材料、造型和功能之间达到完美的和谐。

（3）表面蚀刻　表面蚀刻是指使用化学药液进行腐蚀而使得金属表面得到一种斑驳、沧桑装饰效果的加工工艺。用耐药薄膜覆盖整个金属表面，然后用机械或者化学方法除去需要下凹部分的保护膜，使这部分金属裸露并浸入药液中，溶解而形成凹陷，获得纹样，最后用其他药液去除保护膜，完成表面处理。图 5-1c 所示的餐具设计，采用了表面蚀刻的工艺。首先在金属表面涂上一层沥青，接着将设计好的纹饰刻画在沥青上，使需要腐蚀的部分露出来，浸入酸溶液中进行腐蚀，使得餐具的表面形成斑驳、沧桑的肌理效果。表面蚀刻工艺的应用，丰富了设计的细节，使简单的产品在保证基本使用功能的同时，也满足了消费者日益挑剔的视觉需求。

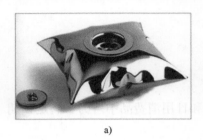

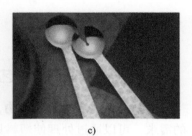

a)　　　　　　　　　　b)　　　　　　　　　　c)

图 5-1　金属表面的精加工效果

2. 表面层改质处理

金属材料表面层改质处理，是通过化学或者电化学的方法将金属表面转变成金属氧化物或者无机盐覆盖膜的过程。

表面层改质处理可以改变金属表面的色彩、肌理及硬度，提高其耐蚀性、耐磨性及着色性。产品通过表面层改质处理，可以获得独特的视觉效果和表面质量。

3. 表面涂饰

通过在金属材料表面覆盖一层膜，从而改变材料表面的物理化学性质，赋予材料新的表面肌理、色彩和质地等视觉效果。

（1）镀层被覆　镀层被覆是指利用各种工艺方法在金属材料的表面覆盖其他金属材料构成的薄膜，从而改变和提高制品的耐蚀性和耐磨性，并调整产品表面的色泽、光洁度以及肌理特征，提升制品档次。图 5-2a 所示的水龙头，表面装饰性的镀铬层使得水龙头具有精致细腻的抛光效果。

（2）涂层被覆　涂层被覆指为起到保护、装饰作用，或隔热、防辐射、杀菌等特殊作用，在金属材料的表面覆盖以有机物为主体的涂料层，也被称为金属的表面涂装。图 5-2b 所示的弹性回火钢椅，造型简洁明快，钢板经过回火处理，具有良好的韧性和弹性，表面覆盖有一层塑料膜使椅子发亮，且在搬运和使用中不易留下滑痕。

（3）搪瓷　搪瓷指用玻璃材质覆盖金属表面，然后在 800℃左右进行烧制，以使金属材料表面更坚硬，提高制品的耐蚀性和耐磨性，并具有宝石般的光泽和艳丽色彩，具有极强的装饰性。图 5-2c 所示的由瑞士 SIGG 公司设计出品的功能水瓶，由铝质材料制成。针对铝这种有延展性的金属，设计师采用了冲压加工工艺，瓶的内壁喷涂一层搪瓷，既保证了饮料存储的安全，又避免了饮料中的酸性物质对瓶身的腐蚀。

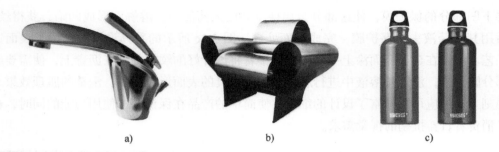

a)　　　　　　　　　　b)　　　　　　　　　c)

图 5-2　金属表面涂饰

二、塑料及其成型工艺

塑料是一种高分子聚合物，广泛应用于各类工业产品和日用消费品中。为了满足预期的需求，可以通过处理使塑料具备特定的化学和物理特性。

（一）塑料分类与特性

塑料的种类很多，按照用途可分为通用塑料和工程塑料；按照加热时的性能表现则可分为热固性塑料和热塑性塑料。与其他材料相比，塑料成型容易、强度高、重量轻、性能稳定，有多种交工形式，适合批量生产，因此备受产品设计师青睐。

（二）塑料成型工艺

塑料的成型方法很多，产品设计选择中一般取决于塑料的类型、特性、起始状态及制造品的结构、尺寸和形状。根据加工制造时塑料聚合物的物理状态不同，其成型方法基本上可以分为三种：

1）处于玻璃态的塑料，可以采用车、铣、钻、刨等机械加工方式进行成型。

2）当塑料处于高弹态时，可以采用热压、弯曲、拉伸、真空成型等加工方法。

3）塑料加热至黏流态，可以采用注射成型、挤出成型、吹塑成型等加工方式。

（三）塑料表面处理工艺

塑料经过相应的表面处理，能产生出丰富多彩的变化，能够模仿其他材质，从而减少自然材料浪费，也为产品带来更高的附加值。

塑料的着色和表面肌理装饰，是在塑料成型时就可以完成的，但为了延长产品使用寿命，提高其美观程度，一般都会对其表面进行二次加工，完成各种装饰处理，见表 5-2。

表 5-2　塑料表面处理分类

种　类	效　果	手　段
表面机械加工处理	使表面平滑、光亮、美观	磨砂、抛光
表面镀覆处理	装饰、美化、抗老化、耐腐蚀	涂饰、印刷（丝网、转印、移印）、贴模、热烫印
表面装饰处理	使表面耐磨、抗老化、有金属光泽、美观	热喷涂、电镀、离子镀

1. 表面机械加工处理

磨砂与抛光是塑料制品加工中常见的表面机械加工处理技术。

图 5-3 所示是通过磨砂表面处理工艺形成的塑料产品效果，丰富的色彩和柔和的质感，大大提升了杯子的品质，增加了丰富的层次。

2. 表面镀覆处理

（1）热喷涂 热喷涂是一种采用专用设备把某种固体材料加热熔化，用高速气流将其吹成微小颗粒加速喷射到产品表面上，形成特制覆盖层的处理技术。热喷涂可以使塑料产品表面具有耐腐蚀、耐磨和耐高温等优点。

图 5-3 塑料表面磨砂处理效果

（2）电镀 电镀是一种用电化学原理在产品塑料壳体表面获得金属沉积层的金属覆层工艺。通过电镀，可以改变塑料材料的原始外观，改变其表面特性，使塑料耐腐蚀、耐磨，具有装饰性和电、磁、光学性能。

（3）离子镀 离子镀是在真空条件下，利用气体放电使气体或被蒸发物质离子化，在气体离子或被蒸发物质离子轰击作用的同时，把蒸发物或其他反应物蒸镀到塑料表面上。离子镀可以延长塑料产品的使用寿命，赋予其特殊的光泽和色彩。

3. 表面装饰处理

（1）涂饰 涂饰是把涂料涂覆到产品或物体的表面上，并通过产生物理或化学的变化，使涂料的被覆层转变为具有一定附着力和机械强度的涂膜。涂饰可以使塑料表面着色，获得不同的肌理，耐腐蚀，并能防止塑料老化。

（2）丝网印刷 塑料件的丝网印刷（丝印），是塑料制品的二次加工（或称再加工）中的一种常用方式，可以改善塑料件的外观装饰效果。产品表面的丝网印刷一般依据表面形态不同分为：平面丝印（用于片材和平面体）、间接丝印（异型制品）和曲面丝印（用于可展开成平面的弧面体）。

（3）贴膜法 贴膜法是将印有花纹和图案的塑料薄膜紧贴在模具上，在加工塑料件时，靠其熔融的原料的热量将薄膜融合在产品上的方法。贴膜法常用来装饰产品外观和传达产品信息。

（4）热烫印法 热烫印法是利用压力和热量将压膜上的胶黏剂熔化，并将已镀到压膜上的金属膜转印到塑料件上的方法。同贴膜法相似，热烫印法可以美化产品外观和传达产品信息。

第二节 产品设计中的技术结构

构成产品的各个功能部件需要以各种方式连接固定在一起，才能实现产品的整体功能。技术结构设计是解决这一问题的必备环节。

一、产品设计中的结构因素

（一）产品结构作用与特性

在产品形态设计中，技术结构创新至关重要，一个结构新颖的产品往往能以强大的视觉冲击力，激起消费者购买或使用的欲望。如图5-4所示的CD架设计，结构简洁巧妙，便于CD的随时使用和收藏，获得了很好的市场反响。

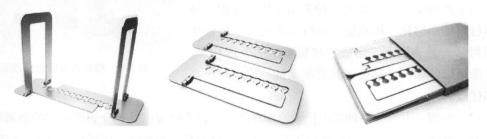

图5-4　CD架设计

结构是产品功能得以实现的物质承担者，丰富了产品的形态。产品的结构具有层次性、有序性和稳定性的特点。

结构的层次性是由产品的复杂程度所决定的，任何产品都由若干不同的层次组成，或繁或简，设计中应依据不同状态进行考虑。

有序性是指产品结构都是目的性和规律性的统一，各个部分之间的组合与联系是按一定要求，有目的、有规律地建立起来的，绝不是杂乱无序的拼凑。

所有的结构都具有稳定性这一特征。产品作为有序整体，其材料、部件之间的相互关系都处于一种平衡状态，即使在运动和使用过程中，也保持着这一平衡状态，它的存在与产品正常功能的发挥联系在一起。也正因为如此，产品才具有牢固性、安全性、可靠性和可操作性等多方面的功能保障。

如图5-5所示的灯体设计，巧妙地把握了结构的几方面特点，使产品功能顺利实现的同时，增加了使用中的互动性和趣味性。

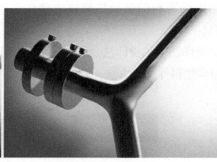

图5-5　灯体设计

（二）产品典型结构分类

1. 外观结构

外观结构也可称为外部结构，是通过材料和形式来体现的。在某些情况下，外观结构不是承担核心功能的结构，即外部结构的变化不直接影响核心功能。如电话机，不论款式和外部构造如何变换，其语言交流、信息传输和接收信号的基本功能都不会改变。也有产品的外观结构本身就是核心功能承担者，其结构形式直接与产品效用有关，如图 5-6 所示的自行车结构。

图 5-6　自行车外观结构

2. 核心结构

核心结构是指根据某一技术原理形成，具有核心功能的产品结构，也可称为内部结构。核心结构往往涉及复杂的技术问题，在产品中以各种形式产生功效，或者是功能块，或者是元器件。如图 5-7 所示，小米空气净化器的各组成元件构成了它的工作原理，它们作为核心结构，与简洁的外观设计一起形成了良好的产品品质。

图 5-7　空气净化器原理与结构

3. 系统结构

系统结构是指产品之间的关系结构，是将若干个产品看成是一个整体，将其中具有独立功能的产品组件看作是构成要素。系统结构设计就是物与物的"关系设计",常有以下三种结构。

(1)分体结构　相对于整体结构,分体结构是同一目的不同功能的产品组件分离。比如,计算机由主机、显示器、键盘、鼠标及外围设备构成。

(2)系列结构　系列结构指由若干产品构成成套系列、组合系列、家族系列和单元系列等系列化产品。产品与产品之间是相互依存、相互作用的关系,如图5-8所示的一组系列产品。

图5-8　系列结构

(3)网络结构　网络结构是指由若干具有独立功能的产品进行有形或无形的连接,构成具有复合性能的网络系统。比如,计算机与计算机之间的相互联网,计算机服务器与若干终端的连接以及无线传输系统,信息高速公路是最为庞大的网络结构。

(三)结构设计中的注意事项

合理的结构设计必定是充分考虑材料的特性,在一定条件下发挥其最大的强度。结构除与组成材料本身性质有关外,还与材料的形态密不可分,不同的型材、块材、线材、板材等,其强度也都有所区别。

1. 结构强度与材料形态的关系

两个材料相同、形态不同的物体,其强度是不同的,材料的结构强度与材料整体体量和形状有很大关系。设计中应通过材料的形态结构变化,最大限度地发挥材料的强度性能。

2. 结构强度与结构稳定性的关系

结构强度与其稳定性有关。三角形结构是一种最稳定的结构形式,在现实生活中,有很多产品或机械系统都采用了三角形的结构，如自行车的车架就是典型的三角形结构形式，既简化了整体车身支撑系统，又达到了最稳定的结构要求。

二、产品设计中的连接结构

（一）产品连接结构的形成与影响因素

产品形态设计中，存在着许多结构衔接问题，由此形成了复杂多样的连接结构形式，也正因为有了这些不同的结构连接方式，才使得产品形态和使用方式变得种类繁多，为产品形态设计拓展了广阔的空间。

产品设计中影响连接结构的因素很多，概括起来，有以下几个方面。

（1）产品形态与连接结构　不同的产品形态要求有不同的连接结构与之相配合，同时，不同的连接结构会构成不同的产品形态。比如说饮料酒水的瓶盖设计，现有的瓶盖设计有螺旋式、按压式和拨开式等多种连接结构，对应产生了不同的包装瓶型。

（2）产品功能与连接结构　有特殊功能要求的零部件，比如要起到防水功能的产品，其某些连接结构的选择就要符合密封性要求。

（3）产品材料与连接结构　不同的材料属性，要选用不同的连接结构。比如金属和塑料采用焊接的方法，但是木材就要选择用榫接、粘接等连接方式。

（4）加工工艺与连接结构　加工工艺直接关系到产品生产成本的低高，巧妙的结构设计与选用，可以简化工艺，降低成本。

（5）使用者的倾向性选择　由于消费具有潮流性，一旦消费者形成对某种产品的购买热潮，便会导致相关产品的大量上市，其中的某种理想或者经典的连接结构就会被推广开来。

（6）操作的安全可靠性　在选用连接结构的时候，安全性是首要问题。其次，连接结构的有效寿命也很重要，这是产品功能充分实现的基本保证。

（二）连接结构的分类

按照不同的标准，产品连接结构可以分为不同种类。如按照连接原理，可以分为机械连接、焊接和粘接三种连接方式；按照结构的功能和部件的活动空间，可以分为静连接和动连接结构，见表5-3和表5-4。

表 5-3　不同原理的连接种类和具体形式

连接种类	具体形式
机械连接	铆接、螺栓、键销、弹性卡扣等
焊接	利用电能的焊接（电弧焊、埋弧焊、气体保护焊、激光焊等）
	利用化学能的焊接（气焊、原子氢焊和铸焊等）
	利用机械能的焊接（冷压焊、爆炸焊、摩擦焊等）
粘接	黏合剂粘接、溶剂粘接

表 5-4　不同功能的连接种类和具体形式

连 接 种 类	具 体 形 式
静连接	不可拆固定连接：焊接、铆接、粘接
	可拆固定连接：螺纹、销、弹性变形、锁扣、插接等
动连接	柔性连接：弹簧连接、软轴连接
	移动连接：滑动连接、滚动连接
	转动连接

三、产品设计中的动连接结构和静连接结构

从产品设计的角度对连接结构进行研究，掌握其中的特点和应用技巧，对于设计师进行产品造型设计非常有参考作用。

（一）动连接在产品设计中的应用

1. 移动连接

移动连接是构件沿着一条固定轨道运动，设计中侧重移动的可靠性、滑动阻力设置和运动精度的确定，主要应用在抽屉、滑盖装置、桌椅升降和拉杆天线等伸缩结构中。如图 5-9 所示的智能门锁在锁壳体和键盘感应屏之间采用了移动连接结构，既实现了操作界面的隐藏和防护，又解决了锁的整体感设计，并且易于清洁。

图 5-9　移动连接结构在产品设计中的应用

2. 铰接

铰接是一种转动连接结构，常用于连接转动的装置和产品结构。传统的铰链由两个或多个可移动的金属片构成，现代产品中的铰链相当数量由可以重复弯曲的单一塑料片制成，如洗发液包装容器的盖和主体之间的连接。铰接装置多采取通过锁紧增大阻尼的方式实现，常用于需要可以变换定位的产品结构中，如台灯支架、翻盖装置等。

3. 风箱形柔性连接

柔性连接允许被连接零部件的位置和角度在一定范围内变化，或所连接构件可发生一定范围的形状和位置变化而不影响运动传递或固定关系。风箱形结构是这类连接的代表，是非常重要的一种运动连接结构。其应用范围主要有灯头、机动车里程表、医疗器械、电源插座和软轴接头等。通过这种结构，可以实现产品动作幅度增大、拓展空间、收纳隐藏

或者是密封等功能。

图 5-10a 所示的纸灯笼是风箱形柔性连接的典型产品，风箱连接结构不仅为灯笼提供加强骨架，还能使灯笼折叠起来，大大节省闲时的放置空间。图 5-10b 所示的大篷车，当两侧展开时体积可以增加两倍，透明的一侧是起居室，不透明的是卧室，柔性连接的运用使设计巧妙实用。

a)   b)

图 5-10　风箱形柔性连接结构在产品设计中的应用

（二）静连接在产品设计中的应用

1. 可拆固定连接

可拆固定连接的结构有这样的特点：在使用的时候，可以方便地把产品部件组装成一个整体，不用的时候，又可以把它们方便地拆除，既有利于保管，又方便运输。图 5-11a 所示的铝制套椅，是一种实用、经济并且自重非常轻的座椅，被设计成可以组装的形式，非常便于运输储存。图 5-11b 所示的桌子由 9 个部分组成，产品各个部分的装配为过盈配合连接，用户只要稍微用力就可以实现桌子的组装和拆卸，不需要任何螺钉。

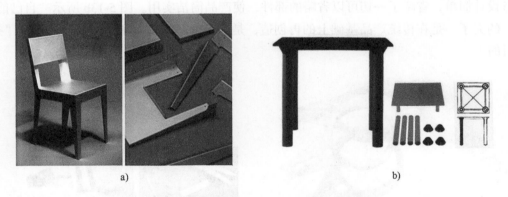

a)   b)

图 5-11　可拆固定连接在产品设计中的应用

2. "手风琴"式伸缩连接

形状如多个 "×…×××××"，就像拉开的手风琴一样。这种连接结构可以通过改变其组件之间的角度来进行伸缩，应用范围如文具、衣架和家具等生活用具的设计。

图5-12a所示的折叠衣架运用了"手风琴"式伸缩连接结构，简单、小巧，使用携带方便。图5-12b所示的伸缩式浴室旋转镜，暴露式的连接结构，着重体现的是产品的伸缩功能，加之镜面可上下旋转，一定程度上适应了不同身高的人群。

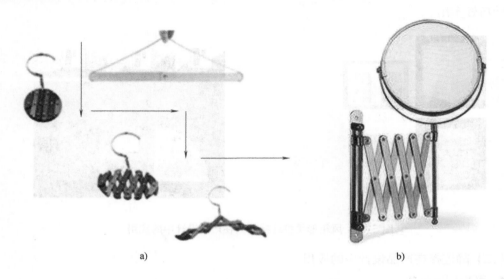

a)   b)

图5-12　伸缩结构在产品设计中的应用

3. "夹"连接

"夹"是一种比较综合的设计形式，它的产生与形态、结构、机构和材料等都有一定关系。当"夹"是利用材料本身弹性时，就是一种和被夹物品的锁扣连接；当"夹"是利用外部的机构或结构时，则可能会形成另外一种连接结构。

图5-13a所示的聚甲醛树脂挂衣钉，设计师充分利用聚甲醛树脂弹性大和强韧的特点，外形设计简单，省略了一切可以省略的部件，使产品简洁实用。图5-13b所示"自己能站立"的夹子，是在传统产品基础上的再创造，是借靠外部的机构和结构来达到特定"夹"的目的。

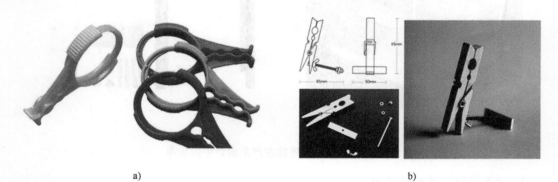

a)   b)

图5-13　"夹"结构在产品设计中的应用

4. 锁扣连接

这一类的产品形态结构主要运用到了产品材料本身的特性或者零部件的特性，如塑料的弹性、磁铁的磁性或者按扣的瞬时固定连接性，具有结构简单、形式灵活、工作可靠等优点。锁扣连接结构装置对模具的复杂程度增加有限，几乎不影响产品的生产成本，因此广泛应用于手表带、皮带扣、服装和食品包装等日常用品设计中。

5. 插接连接

在需要互相固定的零部件上设置相应的插接结构，可以方便安装和拆卸，特别是有利于模块化设计。插接和木榫连接很相似，主要区别是插接有很多种形式，应用到了很多种产品中，而榫接则主要应用在木制椅子上，特别是我国古代家具当中。

第三节　现代制造技术背景下的产品设计发展

由于市场竞争的日益激烈与科技进步速度的加快，使得产品开发的技术含量与复杂程度明显增加。在此背景下，加上计算机技术与相应制造技术的快速发展，形成了以虚拟设计和快速加工技术为支撑的现代新型产品设计开发模式。

一、虚拟设计在新产品开发中的应用

（一）虚拟设计

虚拟设计是一种多学科交叉技术，涉及众多的专业领域和技术知识，随着科学技术进步，特别是计算机辅助设计技术的发展，开始广泛应用于企业的生产制造中。

由于虚拟设计技术在新产品开发过程中的应用，使产品设计能够实现更自然的人机交互，采用并行设计工作模式，系统考虑各种因素，使相关的人员之间能更好地相互理解与支持，把握新产品开发的全过程，提高产品设计的一次成功率。应用虚拟设计技术进行产品创新和评价，可以最大限度降低新产品开发的风险，保证设计目标的有效实现。另外，虚拟产品设计与其他设计过程进行数字连接，可实现新产品开发各环节的集成，发挥全体设计人员的创造性潜能。

计算机辅助设计的发展，使其为企业在新产品开发过程中提供了有力的支持，但目前虚拟产品设计中仍多使用软件组合来完成产品设计过程。例如复杂曲面的产品造型，多通过 Rhino 和 Pro/Engineer 等软件的组合使用来完成产品模型设计，其实质并没有把设计人员从鼠标与键盘上解放出来，设计人员也并没有真正参与到虚拟产品设计中，在某种意义上限制了设计人员积极性与创造性的发挥。真正的虚拟设计应该是将虚拟现实技术引入 CAD 环境，尽可能模拟新产品的某些性能，而且便于设计人员对产品进行随时的设计修改。

（二）虚拟模型

一般情况下，进行虚拟产品设计时，设计人员可以先利用 CAD 系统建模，再转换

到 VR 虚拟设计环境中，让目标用户或准客户通过视觉效果及操作感受来感知产品。设计人员也可以利用虚拟现实辅助设计系统，直接在虚拟环境中进行设计与修改。例如在汽车设计中，基于全交互性的虚拟设计环境，利用头盔显示器、具有触觉反馈功能的数据手套、操纵杆和三维位置跟踪器等装置，将视觉、听觉、触觉与虚拟概念产品模型相连，不仅可以进行虚拟的合作，产生一种身临其境的感觉，而且还可以实时地对整个虚拟产品设计过程进行检查和评估，解决设计中的决策问题，使设计目标得以完整实现。

（三）虚拟检验

1. 虚拟装配设计

虚拟装配采用计算机仿真与虚拟现实技术，先在 CAD 系统创建虚拟产品模型，然后进入虚拟装配设计环境系统，使用各种装配工具对设计的机构进行装配检验，帮助设计人员及时发现设计中的装配缺陷，全面掌握在虚拟制造中的装配过程，尽可能早地发现在新产品开发过程中的设计、生产和装配工艺等方面的问题。

虚拟装配设计是虚拟现实技术在新产品开发方面的有效应用，可以有效缩短新产品开发的周期，降低设计返工的风险，加快了引入高级设计方法和技术的速度，提高新产品开发的质量与可靠性，同时也降低了新产品开发的成本。目前的虚拟现实技术已经日趋成熟，但还没有充分地应用于新产品开发的分析和评价中。

2. 虚拟人机性检验

虚拟人机性检验是指设计人员借助虚拟产品模型系统（或称虚拟人机工程学环境），精确研究产品的人机工程学参数，并且在必要时修改虚拟部件的位置和尺寸，重新设计整个产品的构造的过程。另外，虚拟人机性检验系统还允许不同技术背景的人直接与产品进行交互来进行评价，有助于满足不同用户的特殊要求。

人机工程虚拟设计技术为新产品开发过程中的人机工程学研究提供了新的方法，可以不断地利用该系统来验证假设，既减少了开发费用，又缩短了制造模型的时间，同时又可以满足产品多样化的要求。随着虚拟现实技术的不断成熟，虚拟设计技术在新产品开发方面的应用也越发深入。

虚拟现实技术为设计人员提供了扩展艺术创造性思维的空间，使设计人员能够从理论认识到感性认识对产品进行设计、分析和评价。虚拟设计技术与新产品开发都是建立在科学技术进步的基础之上，都需要科学技术的支持。新产品开发中的虚拟设计，使设计人员在虚拟世界的存在中获得自由发挥空间，让设计更趋人性化、艺术化。虚拟设计技术为新产品开发提供了数字设计平台，使新产品开发的周期缩短、费用降低，提高了新开发产品的质量。但是如何更有效地利用虚拟设计技术为新产品开发服务，还有待于在实际设计中进行探索。

二、快速成型技术促进产品设计开展

科技发展与社会需求变迁，使制造业市场环境发生了巨大变化。快速将多样化的产品推向市场成为产品制造厂商把握市场先机，求得生存的重要保障。当前成熟的快速成型技术，可以快速复制出多种工程材料的样件或小批量功能零件，实现产品的试产试销，抢占市场。另外，快速成型技术还可以用较短的时间获得模具，展开规模化生产。目前快速成型技术已经广泛应用于产品设计领域，在设计方案评价、功能检验和模具制造等环节发挥作用。另外，随着快速成型技术的日臻完善，对产品设计自由度提升提供了越来越多的支撑手段。

1. 产品的设计评估与审核

现代快速成型系统可在几小时或几天内将设计人员的图样或 CAD 模型转化成现实的模型和样件，帮助设计人员快速得到仿真样品，进行直观的设计评定，取得用户对设计较为准确的反馈意见。同时，真实的产品样件也有利于产品设计和制造者加深对产品的理解，合理地确定生产方式和工艺流程。与传统模型制造相比，快速成型方法速度快，能够随时通过 CAD 软件进行修改与再验证，使设计走向尽善尽美。

2. 产品功能检验

快速成型制作的样件具有一定强度和精度，可用于产品传热、力学和结构等方面的试验分析，方便验证设计人员的设计思想和产品结构的合理性、可装配性、美观性，发现设计中的问题并及时修改。

3. 新型的设计交流手段

一方面，用户总是更喜欢对实物原型进行评论，提出对产品的修改意见，因此，快速成型制作的样机成为设计者与客户交流沟通的首选方式；另一方面，快速原型也是产品从设计到商品化各个环节中进行交流的有效手段，甚至可以通过单件生产帮助商家争夺订单。

4. 实现快速模具制造

以快速成型技术制作的实体模型，结合精铸、金属喷涂、电镀及电极研磨等技术可以快速制造出模具，如低熔点合金模、硅胶模、金属冷喷模和陶瓷模等，进行中小批量零件的生产，可以适应产品更新换代快、批量逐渐减小的发展趋势。快速模具制造的周期一般为传统的数控切削方法的 1/5~1/10，而成本却仅为相应的 1/3~1/5，甚至更低。针对不同的产品加工数量，快速模具制造的工艺方法也有所区别。

5. 突破小批量的成本瓶颈

一方面，快速成型技术可以在模具制造环节缩短时间，降低成本，模具成本的降低直接拉低了小批量的单件成本，使产品适应个性化需求的小批量多品种成为可能；另一方面，由于某些快速成型技术已经接近或达到产品加工的各项指标，对于更少数量的产品生产，甚至可以直接采用 CNC、光固化等快速成型技术，直接单件加工产品组件，实现小批量生产目标，并使产品形式更为多样化。

6. 增材制造有望打破产品形态设计的约束

传统模具加工技术和减材制作类的快速成型技术，需要产品设计的形态遵循生产工艺中的开模原则，否则无法量产。但近些年成熟并发展起来的增材制造技术，打破了原有的快速成型原理，使传统模具无法或者需要高成本生产的部件可以相对容易地通过现代增材制造加工出来。这一趋势有可能成为越来越多产品形式突破的开始，使未来产品形态设计不再受加工技术的约束和限制，以便最大限度地发挥设计师的创意思维能力。

三、新兴材料推动产品设计革命

正如新能源在汽车设计领域所产生的巨大影响一样，新兴材料对于传统材料的替代，也将使得相关产品设计领域产生颠覆性的变革。如照明发光材料中的 LED 技术，在取代传统照明材料技术的同时，极大地推动了灯具产业的设计革命，使灯具在功能、形式风格和应用范围等多方面都发生了前所未有的变化。

1. 生物材料

在设计探索中，设计师和科学家合作，以活体的"生命体"作为突破方向，尝试研发新材料，在产品功能等多方面提供新的解决方案，这是材料领域的发展革新对于产品设计活动的深入推进体现。如荷兰设计师 Aniela Hoitink 研发设计的"MycoTEX"服装面料，使用具有自体生长功能的蘑菇菌丝作为新型服装面料，以解决目前服装快速更新造成的资源浪费问题。菌丝面料不仅能够自我修复，有良好的个体适应性，还能通过自然生长形成有机的图案，极大提升了材料对于设计的影响作用。

虽然目前的生物体材料产品仍是以试验性的探索项目为主，但随着技术的成熟，有健康、低碳、环保等属性的生物体材料在消费领域制造出庞大的商业机会的同时，势必也将为产品设计领域带来全新的发展机遇。

2. 智能材料

伴随着人们生活形态的转变，以及对产品功能要求的日益提高，智能产品应运而生。智能产品以其智能化和便捷化的特点，给人们的日常生活带来了极大的方便。而在智能产品的设计和应用中，智能材料是其核心。智能材料能感知外部刺激，判断并进行恰当处理，并且本身可执行实施。智能材料的构想来源于仿生，属于具备感知、驱动和控制这三个基本功能的一种类似于生物的"活"材料。

产品设计中对于合适的智能材料的选用，不仅对于智能产品的功能和外观的实现至关重要，而且还会影响到智能产品后续功能的扩展和改进。产品设计中可以利用并发挥智能材料的诸多特点，将其在趣味、操作处理、主动适应和感知交流等方面的优势特征充分开发出来，创造新的产品功能和使用方式。

智能材料技术目前仍处于快速发展阶段，全面智能化也成为产品设计市场发展的趋势，智能产品市场的持续发展也将不断推动智能材料向更高层次发展。为此，需要设计人员充分了解新型智能材料的特性，积极开发智能材料在智能产品上的应用方式，在应用模式上进行创新，将先进的设计理念和科学技术相融合，进而获得性能更加优异的智能产品。

第四节　设计研究与实践

一、产品材料工艺调研与了解

1. 练习目的

通过对产品制造材料与工艺的调研，增加对典型产品材料和工艺知识的了解，发现新型材料和工艺对于产品设计的影响，培养学生产品设计中的工程意识。

2. 练习形式

产品市场调查，企业实地观摩，资料查询，撰写调查报告。

3. 习题

（1）命题产品：小家电

（2）调研与考虑问题

1）小家电外壳的主要构成材料有哪些？

2）小家电外壳的表面处理工艺有哪些？

3）小家电主要壳体结构与材料之间的关系是怎样的？

（3）提示方向

1）选择一类产品，比较它们在材料、表面装饰和关键结构方面的异同。

2）留意所选择的小家电中是否有新兴的材料组合和表面处理工艺。

3）分析材料和工艺差异对产品形态设计（风格）的影响。

二、产品结构设计调查与分析

1. 练习目的

通过对命题产品的造型设计分析，深入了解其形态构成的理性内容，并寻找产品造型变化中的结构因素，增加学生对产品形态与结构的深入认识。

2. 练习形式

造型分析，结构调查分析，撰写分析报告。

3. 习题

（1）命题产品：五金工具

（2）调研与考虑问题

1）收集五金工具的造型设计案例。

2）分析五金工具的操作结构对造型的制约影响。

（3）提示方向

1）选择同种功能的一类产品，分析其功能实现机构（原理）的变化对其造型设计的影响。

2）了解分析此类产品结构形式中变化与稳定的内容有哪些？

3）是否有颠覆此类产品传统结构的设计？

三、产品现代加工技术调研

1. 练习目的

通过对相关产品成型技术的调研和资料学习，拓展学生的工程技术知识视野，增强学生对于产品制造技术发展的关注程度。

2. 练习形式

企业调研，资料查阅，撰写调研报告。

3. 习题

（1）命题：快速原型与逆向工程

（2）调研与考虑问题

1）现代产品设计流程的革命性变化有哪些？

2）比较有代表性的快速成型技术。

3）现代产品设计制造中快速成型与逆向工程的应用状况是怎样的？

（3）提示方向

1）分析现代制造工艺对于产品设计方案实现所产生的重大影响。

2）比较不同快速成型技术对于产品设计实用性的影响。

3）增材加工对未来产品设计可能产生哪些影响？

5-1　分析中国传统家具和建筑中的榫卯结构与所用主要材料的关系，在现代制造业中有无典型的借鉴或发扬？

5-2　调查了解制造材料发展前沿现状，预测其可能给产品设计创新带来的影响。

5-3　尝试思考"虚拟技术"的发展与推广是否可能会逐渐抑制甚至消亡实体产品设计领域的创新和发展？

产品设计的商业化与知识产权

> 通过对本章的学习,增长学生对于产品设计最终目标及其实现过程的了解;同时掌握基本的产品商品化技术和知识产权常识。
>
> 本章内容以学生自学阅读为主,教师结合思考题中的内容进行引导启发,也可结合具体条件进行研讨,加深学生认识和了解商业模式、知识产权等对产品设计活动开展的重要影响。

第一节　产品的商品化

　　每件产品都有其生命周期，包括设计开发、生产制造、流通销售和废弃回收等多个环节。期间又可以划分为开发生产和流通消费两个不同的阶段，前一阶段向后一阶段的转化，便形成了产品的商品化过程。

一、产品的生命周期

　　一般来讲，产品的生命周期是指一个产品从开发研究到投放市场，再到退出市场的整个阶段，是产品在市场需求中产生又最终被市场淘汰的全过程。产品生命周期是产品设计中的重要内容，也是企业制订新产品决策的重要依据。在产品不同的生命周期阶段，企业可以采取不同的市场营销策略，最大限度地获得销售利润，并同时在适当的时间开发推出新产品，淘汰老产品，以保持企业产品持久的市场竞争力。

1. 产品生命周期的阶段划分

　　产品生命周期是产品市场生命状态的体现，一般分为五个阶段：产品设计开发阶段、市场导入阶段、产品市场成长阶段、产品市场成熟阶段和产品市场衰退阶段（图6-1）。

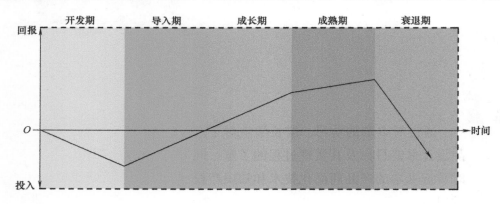

图6-1　产品生命周期

　　（1）产品设计开发阶段　产品设计开发阶段是产品设计生产的过程，是企业通过市场调查得到消费者的需求信息，并通过恰当的技术、形式将其转换成功能产品，是一种理解并满足市场需求的活动。产品设计开发阶段，主要是实现产品价值创新设计，是在企业内部进行的产品生命阶段。

　　（2）市场导入阶段　市场导入阶段是企业将新产品推向市场，开展销售宣传的阶段。这一阶段，由于产品被消费者了解的内容有限，因此批量小、成本高、销售增长缓慢，而且为了使产品尽快为不同层面的消费者认识和接受，企业需要投入大量的广告宣传和促销费用。同时，这一阶段的产品价格往往也比较高，使企业可以在批量较小的情况下维持一定的经济效益。

（3）市场成长阶段 新产品经过市场导入，宣传试销，迅速被消费者接受，市场销售开始大幅度增长，使得产品的产量加大、成本降低、利润空间增大，进入产品的黄金时期。同时，随着消费者接受新产品形成可获利市场，更多的企业加入到同类产品的开发生产中，形成相互竞争，为各个企业建立质量和信誉品牌提供了最佳时机。

（4）市场成熟阶段 产品已经为绝大多数消费者所接受并购买，市场销售额增长有所减缓，逐渐趋于平稳并开始有缓慢下降趋势。而市场竞争开始加剧，企业在宣传促销上投入的费用进一步增加，大多数产品因消费者拥有量增多、技术老化、款式过时等众多因素，形成类似市场导入期的又一轮循环的促销，但增长已经比较艰难。企业开始考虑产品的升级换代，从功能、技术、时尚流行等角度开始新产品的设计研发，以稳定已拓展成功的产品市场领域，保持总体产品生命周期的连续不断。

（5）市场衰退阶段 产品进入市场成熟阶段后期，企业广告宣传和促销已经不能再提升销售额，呈现出明显的市场滞销和企业减产状况，企业利润趋近于零，需要尽快结束并推出替代产品。

2. 生命周期的不同体现

产品生命周期是一个广泛的市场营销概念，在产品种类、形式甚至品牌上都有不同的时间概念。产品种类和形式的生命周期，往往可以在具体产品上得以清晰体现。品牌生命周期相对模糊，但却对企业生存发展，延续新产品占领市场，都有着重要意义。

产品种类的生命周期更多体现在产品导入市场后的成熟阶段，一般时间较长，有的甚至是无限期地延续下去，成为与社会发展、人口增长共生的一种体现，如一些与人们密切相关的生活必需产品的生命周期。

产品形式的生命周期能清晰体现其设计开发、导入、成长、成熟和衰退的五个阶段。比如磁带式便携录放机（Walkman）自索尼公司提出产品概念，并很快进入设计开发，然后成功导入市场，获得迅速成长，同时产品的性能也随之不断完善成熟，在相当一段时间内成为无可替代的市场稳定产品。但随着数字技术和光盘刻录技术的发展，出现了采用新技术原理的功能更加强大的音乐视听产品，Walkman 的市场开始衰退萎缩，以至最终被淘汰出市场。从 Walkman 产品生命周期的全过程，可以看出企业在产品开发中，只有充分应用新技术，并在适当时机推出新产品和淘汰老产品，才能获得最大的经济效益。

品牌生命周期不同于产品种类和形式的生命周期，有很强的不规律性。有的三五年，有的几十年甚至上百年，这主要跟市场变动和竞争加剧，以及企业自身的品牌运作和产品经营有关系。例如：20 世纪 90 年代中期，国内脍炙人口的"孔府家酒""熊猫彩电"等品牌，红火不到 5 年，就由于经营或市场变化等缘故衰退成一般品牌或消亡掉了。而像可口可乐、奔驰、苹果等世界著名品牌，其寿命甚至超越了产品形式的生命周期，在每新一轮的技术变革和产品领域延伸中，重新提升塑造着自身的品牌形象，使其品牌寿命与产品种类形成一种共生。

3. 产品生命周期的循环现象

并不是所有的产品生命周期都是一个严格的一路走向结束的过程。依据不同产品特点，其生命周期有着不同的循环性质。如有些产品进入明显的衰退期前，企业通过大力度的宣传、降价或优惠促销，重新拉动产品销售业绩，使其在一段时期内继续保持一定的销售额和利润。但多数产品生命周期循环的持续主要是靠企业对产品做相应的特性发展，通过技术升级、形象塑造或者营销战略来实现。如数码相机，企业通过提升像素、缩小体积、转换概念等手段，不断形成新一轮的产品销售热点，实现其产品生命周期的不断循环延续。

二、产品的商品化策略

广义地讲，所谓商品化就是将现代营销学的策略方法应用于实际的市场活动中。产品商品化涉及的范围非常广泛和复杂，这里只围绕产品设计开发和市场推广中与商品化过程比较紧密的几种典型营销策略来介绍。

1. 新产品定位与组合策略

（1）新产品上市定位　新产品上市定位对新产品形成竞争差异并获得市场成功有着十分重要的影响。一个有着战略规划的现代企业，新产品定位往往十分明确。概括起来可以分为：主力产品、侧翼产品、细分产品和延伸产品等。新产品上市定位也比较有规律可循，一般可以分为三个层面。

1）纯粹功能性定位。企业希望新开发的产品成为这个产品种类的领导产品，定位时一般可以通过纯粹的技术领先形成先导优势。

2）种类性定位。这类定位比较容易开创新产品种类，实现对新品类的有效占位，也比较容易做到品牌升级。种类性产品定位比较适合企业系列化发展产品和产品升级之用。

3）品牌性定位。通过新产品导入成熟的新品牌，通过品牌传播与整合策略，不仅构建一个成功的新产品，而且要保持品牌的扩张性，通过品牌扩张策略，既保持新产品的差异化，也保持新产品独有的品牌性市场空间。

（2）产品组合策略　产品的生命周期性，使得企业仅仅经营单一产品不可能维持长久。大凡成功企业，都有着科学的产品组合形式，如美国通用电气公司经营的产品多达25万种。

所谓产品组合是指一个企业生产或经营的全部产品线、产品项目的组合方式。例如美国宝洁公司的众多产品线中，有一条牙膏产品线，生产格利、克雷丝和登奎尔三种品牌的牙膏，进而形成该产品线的三个产品项目，其中克雷丝牙膏又有三种规格和两种配方。

由于市场需求和竞争形势的变化，产品组合中的每个项目，必然会在变化的市场环境下发生分化，或成长或衰落。企业需要经常分析产品组合中各个产品项目或产品线的销售成长率、利润率和市场占有率，判断各产品项目或产品线销售成长上的潜力或发展趋势，以确定企业资金的运用方向，做出开发新产品和淘汰衰退产品的决策，以调整其产品组合。

2. 品牌形象与包装策略

（1）塑造良好品牌形象　20世纪60年代中期，大卫·奥格威（David Ogilvy）提出了"品牌形象"观念，经过半个多世纪的实践，这一创意策略已经成了现代企业推广产品，打造市场的有力武器。

品牌形象包括品牌名称、视觉标识、形象主题、品牌关联或联想、品牌个性等众多因素组合。好的品牌名称给人良好的第一印象，唤起美妙联想。好的形象主题陈述以简洁的语句告诉受众产品的功能、企业影响以及与竞争者的差异。品牌关联是顾客听到或看到品牌名称时，给品牌附加的其他内容。

品牌建立在消费者的心中，更多地体现为一种主观认识。好的或者说强势品牌，往往具有知觉优势和相当的活力。知觉优势是由消费者认知并熟悉品牌所产生的亲近感，以及由好感带来的尊重所决定的。而品牌活力则是由品牌对消费者生活的意义所带来的适宜度及该品牌所拥有的特征，即差别化所构成。强势品牌对于企业增强竞争优势，扩大市场占有率有着重要作用。

（2）创新包装策略　包装是指产品的外部包扎或容器。在市场营销过程中，包装作为产品的"外衣"，发挥着极其重要的作用，具体表现在：保护产品、促进销售和推广品牌三个方面。常见的包装策略如下：

1）方便包装策略。这是指企业在设计、购置产品包装时，要处处考虑给消费者带来购买、携带、使用和保管等方面的便利。如为方便消费者购买，饮料制造企业将其产品组成多种包装或组合。

2）廉价包装策略。这是指企业使用成本低廉、构造简单的包装，通常用于大量使用的日常用品。如一般的服装、日用食品和消耗性用品等。企业采用这种包装策略，主要考虑适用和经济实惠的因素。

3）系列类似包装策略。系列类似包装策略可以壮大企业声势，扩大影响，消除用户对新产品的不信任感，节省包装设计费用，有利于介绍新产品。但是，这类包装策略一般只适用于同一质量水平的产品。如果质量相差过于悬殊，这一包装策略就会增加低档产品的包装费用，或使优质产品受到不利的影响。

4）等级包装策略。等级包装是指企业将产品分成若干等级，对高档优质产品采用优质包装，一般产品则采用普通包装，使包装产品的价值和质量相称，表里一致，等级分明，以方便购买力不同的消费者选购。

5）再使用包装策略。企业在进行产品包装时，考虑原包装的产品用完后，空的包装容器还可以作其他用途。例如，空的包装瓶可以用作旅行杯，糖果包装盒还可以用作文具盒，等等。再使用包装策略一方面可以引起用户的购买兴趣，另一方面还能使装饰有企业商标的包装在多种用途中发挥广告宣传作用，吸引用户重复购买。

6）配套包装策略。配套包装策略是指使用时将有关联的多种产品纳入一个包装容器内。这种包装策略的好处是便于用户购买，也有利于新产品推销。如将新产品与其他旧产品放在一起出售，可以使用户在不知不觉中接受新观念、新设计，从而习惯新产品的使用和消费。

7）附赠品包装策略。这是目前国外市场上比较流行的包装策略。如儿童市场上玩具、糖果等商品附赠连环画、认字图，化妆品包装中附有赠券，积累到一定数量，可以得到不同的赠品，等等。

8）改变包装策略。商品包装上的改变，正如产品本身的改进一样，对于扩展销路同样具有重要意义。当企业的某种产品在同类产品中因质量相近而销路不畅时，就可以改进这种产品的包装设计。如果一种产品的包装已采用较长时间，也应考虑推陈出新，变换花样。当然，这种通过改变包装来达到扩展销路的方法是有条件的，即产品的内在质量必须达到使用要求。

3. 新产品商品化定价策略

价格竞争是一种十分重要的营销手段。在市场营销活动中，价格是影响产品商品化的关键因素，同时对企业利润影响巨大。企业产品在商品化过程中的价格策略，一般归纳为三种：成本中心定价策略、需求中心定价策略和产品竞争组合定价策略。但市场表现中，多以高、中、低三种定价策略更为明显。

（1）低价渗透策略　低价渗透策略，是企业把商品价格定在相对较低的水平上，以便新产品迅速进入市场，取得在市场上的主动权，以获取长期利润最大化。

（2）中间路线策略　中间路线策略又称为满意价格策略，是指企业将产品价格定在高价和低价之间，兼顾生产者和消费者利益，使两者都能满意的价格策略。实行这一策略的宗旨是在长期稳定的增长中，获取平均利润。

（3）高价漂取策略　人们的消费结构、需求量等，是由其收入水平决定的。收入高的人往往对高质量、高效能的新产品感兴趣。有的企业就把这部分消费者作为它的目标顾客群，开发效能高、质量优的新产品并定一个比较高的价格，以获得高额利润，待满足了这部分客户的需求之后，再逐步降低价格满足其他客户。

4. 产品促销策略

所谓促销，是指企业运用各种短期诱因，鼓励购买或销售企业产品、服务的活动。促销的核心是信息沟通、唤起需求和促使消费者最终形成购买行为。常见的促销方式有广告、人员推销、销售促进和公共关系四种。在现代市场经济条件下，大量的促销活动都是同时运用多种方式联合实施，形成最佳的促销组合，推进产品商品化进程的。

一般来讲，企业产品促销策略的实现往往受到促销目标、产品类型、生命周期状态和市场情况等方面因素影响。

（1）促销目标　企业在不同时期和市场环境下，推出产品并实施促销策略的目标并不完全相同，概括起来，有以下几种。

1）提供商业信息，刺激需求，开拓市场。新产品上市之初，消费者对它的性能、用途、作用和特点并不了解，通过促销宣传，可以使消费者了解企业生产经营什么产品，有哪些特点，可以到什么地方购买，购买的条件是什么，等等，从而引起相应人群的关注兴趣，引导需求，为实现和扩大销售做好舆论准备。

2）突出产品特点，提高竞争能力。企业通过促销活动，宣传自身产品特点，努力提高产品和企业的知名度，促使消费者加深对本企业产品的了解和喜爱，增强信任感，从而提高企业和产品的竞争力。

3）强化企业形象，巩固市场地位。通过促销活动，可以树立良好的企业形象和产品形象，尤其是通过对企业特有产品的宣传，更能促使消费者对产品及企业本身产生好感，从而培养和提高一定人群的"品牌忠诚度"，巩固和扩大市场占有率。

（2）产品类型　不同类型产品的消费者在信息的需求和购买方式等方面是不同的，需要采用不同的促销方式予以满足。不同的促销方式在工业品和消费品市场上的作用有着显著差异，如图 6-2 所示，生活资料类产品依赖广告促销居多，然后是销售促进、新闻宣传和人员推销，而生产资料类产品则正好相反。

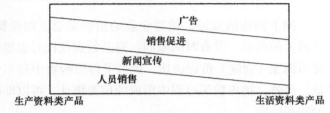

图 6-2　不同类型产品采用各种促销方式的相对比例

（3）生命周期状态　在不同的生命周期阶段，企业的营销目标及侧重点都不一样，因此，促销方式也不尽相同。在投入期，为让消费者认识新产品，可利用广告与公共关系广为宣传，同时配合使用营业推广和人员推销；在成长期，要继续利用广告和公共关系来扩大产品的知名度，同时用人员推销来降低促销成本；在成熟期，竞争激烈，要通过广告及时介绍产品的改进，同时使用销售促进来增加产品的销量；在衰退期，销售促进的作用更为重要，同时配合少量的广告来保持顾客的记忆。

（4）市场情况　市场需求情况不同，企业应采取的促销组合也不同。一般来说，范围小、潜在顾客较少及产品专用程度较高的市场，应以人员推销为主；而对于无差异市场，因其用户分散，范围广，则应以广告宣传为主。

第二节　购物平台演变对产品设计的影响

一、网络购物兴起，设计作用更加明显

随着互联网技术的快速发展与应用普及，使得传统购物模式发生了巨大变化，越来越多的消费群体从实体商业购物转向网上购物。

网上购物是互联网、电子支付和现代物流业发展的产物。简单来说，网上购物就是把传统的商店直接"搬"回家，通过网络直接购买自己需要的商品或服务。一般来说网上物品的经营大致可分为两种形态：一种是电子商店，即提供网上购物或网上服务的营业者，通过自己的网站，直接对网络使用者出售商品或者提供服务；另一种是电子商场，它是将

许多提供不同商品或者服务的营业者集中在一个网站中，使用者可以在同一个网站购买不同营业者所提供的商品或者服务。也就是说，前一种情况下的网站经营者同时又是商店经营者，而后一种情况中网站经营者扮演的角色更像是商店经营者与消费者的中介。

在网上购物日益发展并成熟的趋势下，更多的中小企业通过网购平台推广宣传自己的产品，甚至试销（众筹）自身开发的产品，节省了大量经营成本。在这种情况下，产品设计活动的作用也显得越来越重要，设计活动深入到企业（网店）新产品的开发中，使得设计创业成为可能。

二、销售渠道便捷，产品的商品化更加容易

网上购物的发展，使得企业的销售渠道更加便捷。消费者可以随时登录网站挑选自己需要的商品，没有时间限制，商品的查找比对也很容易实现，而且购买后的商品可以直接由商家（物流）负责送达，免去了传统购物中舟车劳顿的辛苦，时间和费用成本大幅降低。另外，销售购买过程中形成的信誉统计，可以即时反映商家产品的口碑，引导消费者的购买决定。

通过网络形成的便捷销售渠道，使产品商品化过程的成本得以降低，时间大大缩短，企业对市场需求的反馈也更加及时，这些都可以有效提升产品设计活动的工作效率，提高企业竞争能力。

三、产品设计服务的网络商品化

产品设计作为一种创新活动，也是一种社会服务内容，自身也具有产品的价值属性，其从业者在一定程度上也有将其商品化的需求。伴随着网络购物的兴起，通过网络平台销售的产品已不单单限于实体产品，服务本身也越来越多地作为商品出现在网络平台上，这其中也包括产品设计。

产品设计活动本身的商品化和网购化，虽然在一定程度上增加了实体设计机构的竞争压力，但从长远的发展角度看，同时也为企业提供了更多优质设计资源的选择空间，对于降低异地服务成本，推动产品设计行业的广泛发展也有着积极的现实意义。

第三节　产品设计的知识产权保护

产品设计的灵魂在于创新，通常以一种新功能或者新形式的结果体现出来。这其中经常会涉及相关的知识产权保护问题。

一、知识产权概述

知识产权是指公民、法人或者其他组织在科技、文艺领域，对其创造性的智力成果依法享有的民事权利。知识产权一般包括专利、商标和著作权。其中专利、商标统称为

工业产权；此外，厂商名称、植物新品种、原产地名称、货源标记、商业秘密和其他智力成果也属于知识产权范围。知识产权具有无形性、专有性、地域性、时间性和可复制性。

与物质财产相比，知识产权是一种无形的财产权利，保护的客体是人的智力创造成果，是人的智力成果权，它是在科学、技术、文化和艺术领域从事一切智力活动而创造的智力成果依法享有的权利。知识产权是国际上广泛使用的一个法律概念。它不仅反映一个国家的技术创新能力，也是一种越来越重要的市场竞争工具。国内外市场上企业之间的竞争经常表现为运用知识产权工具，对其产品创新进行保护。

二、专利的知识产权保护

专利权又简称专利，是知识产权的一种，指依法批准的发明人或其权利受让人对其发明成果在一定年限内享有的独占权或专用权。专利权是一种专有权，一旦超过法律规定的保护期限，就不再受法律保护。

申请专利可以保护自己的发明成果，防止研究成果流失，同时也有利于科技进步和经济发展。企业在新产品开发与设计中，可以通过申请专利的方式占据新技术及其产品的市场空间，获得相应的经济利益，如通过生产销售专利产品、转让专利技术和专利入股等方式获得产品自身利润以外的经济效益。

1. 专利种类与保护对象

根据我国专利法规定，专利权包括三种：发明专利、实用新型专利和外观设计专利。其中发明专利是最主要的一种。

（1）发明专利　专利法所称发明是指对产品、方法或者其改进所提出的新的技术方案，技术含量最高，发明人所付出的创造性劳动最多。其特点包括：

1）发明是一项新的技术方案，是利用自然规律解决生产、科研、试验中各种问题的技术解决方案，一般由若干技术特征组成。

2）发明分为产品发明和方法发明两大类型。产品发明包括所有由人创造出来的物品，方法发明包括所有利用自然规律通过发明创造产生的方法。方法发明又可以分成制造方法和操作使用方法两种类型。

3）专利法保护的发明也可以是对现有产品或方法的改进。

授予专利权的发明，应当具备新颖性、创造性和实用性。新颖性是指在申请日以前没有同样的发明或者实用新型在国内外出版物上公开发表过、在国内公开使用过或者以其他方式为公众所知，也没有同样的发明或者实用新型由他人向专利行政部门提出过申请；创造性是指同申请日以前已有的技术相比，该发明具有突出的实质性特点和显著的进步；实用性是指该发明能够制造成产品或者使用，并且能够产生积极效果。

（2）实用新型专利　实用新型可以说是小发明。我国《专利法》第一章第二条中规定，"实用新型是指对产品的形状、构造或者其结合所提出的适于实用的新技术方案"，这种新的技术方案能够在产业上制造出具有使用价值和实际用途的产品。显然，实用新型专利应具备以下特征：一是实用新型必须是一种实用的产品，如仪器、设备、用具或日用品；二是必须具有一定的形状和结构。如果是没有固定形态的物质，如气体、液体和呈粉末状的固体（砂糖、面粉）等，均不能成为实用新型专利的保护对象。

（3）外观设计专利　对产品的形状、图案或者其结合，以及色彩与形状、图案的结合进行的富有美感并适于工业上应用的新设计，就可以申请外观设计专利。外观设计必须与具体的产品相结合，没有具体的产品也就无所谓外观设计。外观设计不解决任何技术问题，单纯以产品的形状、图案和色彩等作为要素，应具有美感，不考虑材料和是否实用等因素。需要注意的是，外观设计必须适合于工业应用，即该外观设计可以通过工业手段量产复制。

外观设计专利有时是企业之间竞争的第一道战线。新颖别致的产品美化了环境，增强了人们的审美情趣，并进而赢得了市场和消费者。如图 6-3 所示的各种笔架和图 6-4 所示的烛灯，其新颖的外观为消费者提供了选择的空间。同时，外观设计专利是三种专利审批中最快的一种，容易实施，投资少，风险小，见效快，受到众多企业在新产品设计开发时的积极关注，给企业带来巨大的经济效益。

图 6-3　产品的外观设计

图 6-4　各种烛灯

2. 专利的特点

因为专利权是一种无形财产，所以它与有形财产相比，有其独特的特点。

（1）独占性　独占性也称专有性，指专利权人对其发明创造所享有独占性的制造、使用、销售和进口的权利。也就是说，其他任何单位或个人未经专利权人许可不得以生产、经营为目的制造、使用、销售和进口其专利产品，使用其专利方法，否则，就是侵犯专利权。

（2）地域性　一个国家依照其本国专利法授予的专利权，仅在该国法律管辖的范围内有效，对其他国家没有任何约束力，其他国家对其专利权不承担保护义务。如果一项发明创造只在我国取得专利权，那么专利权人只在我国享有专有权或独占权。如果有人在其他国家和地区生产、使用或销售该发明创造，则不属于侵权行为。明确专利权的地域性特点是很有意义的，可以及时将研制出的有国际市场前景的发明创造，在世界范围内进行专利申请，以及时享有良好的国内外市场保护。

（3）时间性　专利权人对其发明创造所拥有的专有权只在法律规定的时间内有效，期限过后，专利权人对其发明创造就不再享有制造、使用、销售和进口的专有权。此时原来受法律保护的发明创造就成了社会的公共财富，任何机构或个人都可以无偿地使用。

对于专利权的期限，各国专利法都有明确的规定。对发明专利权的保护期限一般为自申请日起 10~20 年不等；对于实用新型和外观设计专利权的保护期限，大部分国家规定为 5~10 年。我国现行《专利法》规定的发明专利、实用新型专利以及外观设计专利的保护期限分别为自申请日起 20 年、10 年和 10 年。但随着社会发展节奏加快，一项专利经常在保护期还未结束就已失去了实用价值，因为产品无论在技术或者结构方面都会随着时代快速发展而更新。

三、商标的知识产权保护

1. 商标权

商标是指用各种文字或图案标注在商品或商品包装上的标记，用来代表商品质量、特点和生产经营者的标志，是联系企业和消费者的纽带。商标权是商标所有人对商标依法注册而取得的专用权，是企业无形资产的一种。名牌商标能为企业带来超额利润。

2. 利用商标权特性进行知识产权保护

在市场竞争日益激烈的今天，商标尤其是驰名商标所起的作用越来越显著。商标是企业产品质量和服务信誉的体现，是企业在市场中竞争能力和效益创造能力的展示。因此，企业应该有效地利用商标的特点，进行自身创造成果的保护和推广。

（1）排他性　商标一经注册，其所有人以外的公民或其他法人就不能再在同类商品上使用与注册商标相同或类似的商标，否则就构成侵权行为。企业在新产品设计开发中，应当及时地申报获得商标权，对自身的创新成果进行保护。

（2）延续性　我国《商标法》规定：注册商标的有效期限为 10 年，但期满后可申请延续使用。企业在关注产品生命周期的同时，应更加关注产品商标权的适度延续，以保障和促进其生命周期的延续，从而获得更大的效益。

第四节　产品设计的行业素质要求

产品是一种社会文化的载体，从一个侧面反映着使用者的品位和个性。因此，设计师的个人文化修养和对美的感受能力，以及对设计理念的认识和对市场的了解程度等因素，都影响着企业产品设计与开发的准确定位。

一、产品设计师的专业能力要求

既懂理论又通实务是对产品设计师的基本要求。产品设计师的创作是社会行为，其设计思想形成产品后在日常生活中被大众消费，产生相应的社会影响力。信息化社会背景下，产品设计师更要紧跟社会发展节奏，在具备良好的职业道德和敬业精神前提下，保持以下各方面能力与社会发展一致甚至超前。

1. 造型表现能力

1）设计草图是表达设计构思和与人交流最直接、方便的手段，快速、准确、流畅地绘画草图是一名设计师应掌握的基本专业技能。

2）有良好的模型制作动手能力。模型是展开和完善设计的有效工具，设计师应能熟练运用各种材料和现代快速成型技术，进行模型制作。

3）掌握相关计算机辅助设计软件。计算机绘图软件更新很快，设计师没有必要也没有精力去掌握每一种绘图软件，但至少要精通一两种绘图软件，并且能迅速掌握相关设计软件的基本操作。

2. 工程技术与市场知识

能够熟练运用一种工程软件与工程师进行合作交流。另外，还应该对产品从设计制造到走向市场的全过程有足够的了解。产品设计师并不是把设计图样交给生产部门就完成任务了，其职责还应该延伸到生产和销售部门。还应该多了解一些生产部门的运作情况，多和销售部门沟通，接触掌握市场信息。

3. 表达与沟通能力

表达与沟通能力在现今社会显得尤为重要，如何传达设计思想和设计意图，是设计能否被客户认可的关键因素。一个设计师应该懂得如何展示和推广自己设计的产品，要懂得引导用户需求，并运用各种专业技术手段传递设计理念，实现最佳效果展示。

4. 文化内涵与审美能力

无论是哪种行业的设计师，深厚的文化修养都是必备的。设计师的品位高低直接影响着他的作品，所以，一名出色的产品设计师应该广泛涉猎各种知识，有意识地进行知识积累，对美的形式要非常敏感，具备良好的鉴赏力和评判力，在设计时才能触类旁通。

5. 设计理论知识

设计理论知识的重要性在于，它可以指导设计师如何思考、发现并解决设计问题，系统的理论知识有助于设计思维的培养。设计理论知识一般包括：设计史、市场学、心理学、社会学、人机工程学、哲学与美学等。

6. 设计管理能力

一个产品从企划、设计、生产到投放市场，这中间涉及许多部门和人员，如工业设计部门、市场部门、工程技术部门等，如何协调好它们之间的关系，使产品能顺利达到预定的设计目标是设计管理要做的事情。设计师必须具备一定的设计管理能力。

7. 综合创造能力

设计师要善于观察生活、洞察社会问题，关注影响人们生活方式的因素并有独到的见解。设计师要注意开阔眼界，善于发现日常生活中的美。

二、产品设计师的社会责任要求

社会是设计创造产生的土壤，对于每一个设计师来说，社会责任感是必须具备的素质。对于产品设计来说，社会责任是评价设计优劣的基本标准。产品设计师的设计创造是有目的的社会行为，不是设计师的"自我表现"。产品设计师应该明确自己的社会责任，自觉地运用设计为人类、为社会服务。

对于产品设计师来讲，其社会责任首先表现在对委托方的负责上。设计师必须明白委托方对设计所期望的目标，当设计出的产品转化为商品为人们所广泛使用时，使用者对产品的期望目标也是产品设计师应予以充分考虑的。与此同时，参与生产、流通和回收的工人以及一切与产品发生关系的人员，他们与产品之间的联系也是设计师要认真对待的。

社会责任上升到另一个高度便是人类生存环境的问题。在人们越来越注重生活质量，日益倡导新生活观念的情况下，设计师必须确保他所使用或者规定的材料和资源，以及设计所产生的各类废物，不会破坏生态平衡和影响人类的身体健康。不同类产品的生产标准和安全法规也是产品设计师在设计时应该遵循的。从设计中获得利润是无可厚非的，但它却不是设计师的首要动机。在严酷的商业竞争压力下，履行应尽的道德义务是设计师永远要遵守的。

近年来产品设计时对于老年人、儿童以及残疾人的关注就是设计领域社会责任感的一种体现。进一步加强对农村老年人和低消费能力儿童的关注，将一部分"Over Designed"转向去设计一些"Never Designed"的物品，这也许才是设计要达到的理想境界和最终目标，是产品设计师应该持久担负的社会责任。

第五节 设计研究与实践

一、产品成功商品化的案例分析

1. 练习目的

通过目标产品的市场成功因素调查分析，了解新产品成功导入市场，进行商品化推广的基本过程和创新手段，启发学生思考产品商品化的工作重点，加深产品设计开发中的市场和商品化意识。

2. 练习形式

产品选择，市场调查，资料查阅，问题研讨，撰写分析报告。

3. 习题

（1）目标产品：小米手机

（2）调研与考虑问题

1）初期导入市场时的设计定位是什么？

2）主要产品营销策略是什么？与一般消费电子产品有何异同？

3）初步成功占有市场后如何扩展推广？

4）如何认识其与后续小米生态链产品之间的关系和相互作用？

（3）提示方向

1）浏览小米官网，分析其产品线组成。

2）比较"米家"与类似的消费电子产品专卖直销店。

3）阅读《小米生态链战地笔记》。

二、产品设计的知识产权保护思考

1. 练习目的

通过对目标产品的专利文献进行检索和查阅，了解其在知识产权保护范围内的内容。培养学生进行产品设计与开发时对于专利文献的利用和参考意识。

2. 练习形式

专利检索，文献调研，撰写分析报告。

3. 习题

习题 1

（1）目标产品：近期比较有影响的一款产品（自选）

（2）考虑的问题

1）该产品的专利申请属于哪一种？

2）分析其专利保护的主要内容。

3）市场上是否有类似的相关设计或产品，是否存在侵犯专利的情况？

习题 2

（1）目标产品：自己的设计

（2）完成的工作

1）结合自己做过的一例设计（商标也可）进行专利检索。

2）为自己做过的设计制作一份专利申请。

3）模拟完成所有的专利申请文件资料。

6-1 列举一两例熟悉的产品，分析其在市场推广中的商品化策略应用。

6-2 判断一下，是否所有产品都适合在互联网平台进行营销推广？尝试举例论证你的观点。

6-3 评价一下学习本专业至今，自身作为"设计师"的综合素质和能力优势。

6-4 参阅《增长的极限》和《翻转极限》，谈谈自身对设计社会责任的看法，现实社会中为什么很难达到？

第七章

产品设计系统化与服务设计

"

通过对本章的学习，使学生了解产品设计活动的系统化特征，认识系统化考虑对于产品设计深入开展和获得成功的重要作用；并由此关注服务设计的本质属性，能够将其与产品设计结合进行联系和综合考虑，提升大设计观念下的产品设计思维能力。

本章建议以教师问题导向，学生阅读和讨论，教师就典型案例进行详细剖析讲解的形式开展。

"

第一节　从实体产品到系统性设计

产品作为人类智慧的产物，是由若干个相互联系的要素构成的集合体。产品设计活动便是创造这一集合体的过程。在产品设计中，要始终保持这样一个观念：产品设计是一个过程系统，而且从属于更大的系统，要将产品设计的概念从实体水平上升到系统水平。这与科学技术和社会发展的总体趋势是相适应的。

一、产品设计需要系统化观念

产品从设计到生产制造，到成为商品进行流通，直到进入人们的生活，无不受到科学技术发展的影响。历史发展至今，现代科技发展呈现出两个重要的趋势影响着产品设计和设计思维，即分支化和一体化的趋势。这种科技的发展规律，从根本上促进设计思维方式的发展，也促进了设计学科的系统性思维方式的发展。具体表现为：人们观察问题的眼光由"实体中心"逐步转向"系统中心"，人们在产品设计活动中不仅仅是对其本身实体的认识，而且是将其作为一个系统，作为某个更大的系统的要素和组成部分来认识，转向系统对事物的发生、过程、功能和关系的认识，等等。从产品决策、开发设计方法、生产制造方式，到企业组织、控制生产过程和进行营销管理方法等，都在发生巨大的变化。

产品从设计到生产，到商品化，直至消亡，整个过程犹如生命周期系统，每个环节要素都要在同一目的的驱使下从属于产品的循环系统，而且从属于更大的社会生态系统。

二、产品设计的系统化特征

随着科技发展和社会进步，产品设计活动中系统观念的影响越来越显著，系统思维越来越重要，使得现代产品设计体现出不同于以往的系统化特征。

1. 产品信息化

这里的产品信息化不是单纯的产品自身信息技术含量增加，而是指在产品设计整个活动中，信息化的全方位渗透，主要包括：

（1）产品制造信息化　随着信息时代的到来，信息要素已经上升为现代制造业的主导因素。信息化帮助企业实行及时生产和预定生产的精益生产方式，完成从单一品种大批量到多品种小批量的转变等。以汽车为例，生产线上按照程序组装的一辆辆汽车，已经不再是完全一致，而是依照订单信息，加工组装成符合不同配制、色彩等要求的车型。

（2）产品的发展方向信息化　现代产品设计向多功能化、复合化、短小轻薄化、智能化、知识化和精神化过渡，即从过去追求"拥有"转变为现在追求"价值和品位"。这些都体现了现代产品对于信息承载和传递前所未有的设计需求。

（3）产品开发设计信息化　产品开发设计的信息化标志之一就是产品开发设计新方法

"并行设计"的出现。这种设计模式要求开发人员在设计一开始就要考虑产品的整个生命周期中从概念形成到报废处理的所有因素，缩短上市周期，增强市场竞争力。

2. 产品系列化

系列产品是指相互关联的成组、成套的产品，包括品牌系列、成套系列和单元系列等（见第二章第四节）。

3. 产品商品化

产品只有成为商品，才能实现其价值。这也是产品开发生产最终追求的目的，所以要将产品设计活动放在市场活动这个系统中去考虑。

4. 产品生态化

把产品这一人造系统与自然生态系统视为一个整体的认识即是产品生态观，而将这一观念付诸实现的过程就是产品生态化。如图 7-1 所示的一款浴室镜子的设计，设定镜子局部适应环境不受蒸汽附着，方便洗浴者使用，其中的生态化观念大大推动了产品设计的细节创新，实现了对于原有产品的功能丰富。

图 7-1　浴室镜子

三、单体产品成功后的系统性设计

企业在设计开发实体产品成功后，往往会在这一产品基础上，继续扩大设计与生产投入，在自身资金和营销渠道允许的范围内，尽可能地形成新的产品系统，这个过程中需要进行不同层面和角度的系统性设计考虑。

1. 丰富款式满足不同人群

在已有的实体单体产品获得市场成功后，需要在同一功能型号的风格种类方面进行丰富拓展，这其中主要是围绕款式和色彩等开展设计深化工作。如图 7-2 所示的跑车，通过不同的色彩搭配，在丰富产品层次的同时，迎合了不同品位和消费取向的用户。

图 7-2　汽车色彩款式

2. 功能跨越拓展消费人群

同一主体功能的不同型号产品，正是通过功能的繁简、高低跨越，实现适用人群的最大限度扩展，在建立本身产品领域体系，增强竞争力的同时，获得更广的消费市场和更高商业利润。如图 7-3 所示的华为手机，从低端到高端，无论是机器性能、屏幕尺寸，还是壳体材质、色彩风格，都进行了系统化的设计拓展，以抢占不同的细分市场。

图 7-3　华为手机

3. 体系性设计塑造崭新品牌

在企业创业或者某一款产品以自身理念获得市场成功后，可以有计划地快速推出大量优质产品，并在某一领域形成足够影响力，通过体系性的产品设计塑造企业品牌。如图 7-4 所示的小米生态链产品，是企业在小米手机成功后，在产品开发和市场营销理念方面进行创新，利用系统观念建设产品生态链，很快形成了"米家"产品的社会影响力。

图 7-4　小米生态链产品

4. 系统性设计抵御市场风险

正如"不要把鸡蛋放在一个篮子里"一样。一款产品的设计与市场成功，并不能支撑企业持续发展下去。在市场竞争激烈、需求变化和提升速度日益加快等众多复杂背景下，选择系统性设计可以有效抵御可能存在的市场风险。如上面提到的小米生态链模式，从一定意义上也是通过众多产品形成的系统性，应对市场中可能存在的单品营销风险。

又如产品设计中对于功能的定位，也存在着系统性考虑。产品设计是围绕着问题而展开，以问题的合理解决为目的的创造性活动。一般来讲，产品的功能是产品所要解决的最基本问题，功能因素是任何一件产品设计最基本也是最主要考虑的因素之一。功能有强烈的针对性，只有在综合考虑使用对象、使用状态、使用环境和需要解决的问题的基础上，才能较好地进行取舍。一件产品的功能并不是多多益善，过分就导致浪费；也不是越少越好，不足又显得欠缺。由此可见，对功能因素的恰当把握是产品系统性设计的奥妙之一。比如：果盘是常用的生活用品，一般来说能够达到盛放水果的目的也就够了，但是结合使用状况进行深度观察就会发现，吃水果时经常需要牙签，针对这一需求在果盘中设计出放置牙签的容器，这种多功能的设计增加了产品的易用性，同时也丰富了产品卖点，增加了产品的市场竞争力。

第二节　服务设计中的产品设计

一、服务设计中的功能系统性考虑

1. 服务设计理解

服务设计是一门跨领域学科，是在体验设计、交互设计、产品设计和平面设计等基础上的整合设计，通过对有形和无形接触点进行系统和有组织的挖掘，来创造价值，是一种全新的思考方式。服务设计的本质是以服务系统中"接触点"为线索，从系统的角度来审查人、物、行为、环境和社会五个要素之间的关系，目的是为通过服务来为接受者创造更好的体验与价值。

接触点是服务设计中一个很重要的概念，是服务设计中很重要的切入点。顾名思义，接触点就是事物之间相互接触、衔接的地方，可以是有形的，也可以是无形的（图 7-5）。

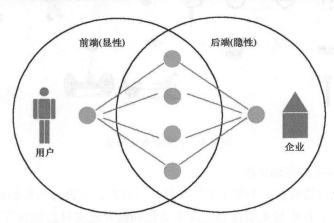

● 物理接触点　● 数字接触点　● 情感接触点　● 隐形接触点　● 融合接触点

图 7-5　服务设计中的接触点

以一个咖啡店的支付场景为例，有多种的接触点，如物理接触点——Pos机、手环，情感接触点——店员和顾客的表情、眼神，等等。对于整个咖啡店而言，在目所能及的地方，颜色、文字、广告牌、着装、店内播放的音乐都是接触点。服务设计正是通过关注在用户场景中关键环节上的关键触点，将每个触点都进行优化设计，来提高用户的体验。

2. 服务设计原则体现系统观念

服务设计作为一种先进的设计理念，越来越多地渗透到各类设计领域中，其所具备的五点基本原则，也都从不同角度明确体现了自身所依托的系统性观念。

（1）以用户为中心（用户体验为中心／用户为中心设计／用户为中心体验）　服务设计与产品设计一样，也是强调以用户为中心的，关注并依据用户体验，也是基于用户体验的设计。

（2）协同创新（利益相关者／共同参与／实现共赢）　协同创新就是要考虑过程中的所有事物和参与者，让所有的参与者都可以满足自己的诉求，都能有良好的体验，实现多方共赢。这一点正如产品设计中对用户（消费者）和企业利益的平衡协调，以及对社会贡献和生态环境的意义等方面的关注，都是为了实现共赢。

（3）有序性（服务前／服务中／服务后／有序的／有节奏的）　有序性是指在服务设计实施时，充分考虑到用户体验的过程和路径，把握用户的浏览路径和心理过程，进行针对的、有序的设计和引导，避免各种跳跃、曲折、往返对用户造成的折磨。在产品设计中更多反映在用户研究方面。

（4）实体化（化无形为有形／可量化／可感知／可体验／可视化）　实体化要求在用户体验过程中，设计和服务是可以让用户感知到的，可以看到、衡量和表达的，而非虚无不可感知的。产品设计中的一部分工作正是概念视觉化的过程。

（5）整体性（全局性／系统的／全链路／全角色／全组织／全渠道）　整体性强调服务设计中要有系统的、全局的考虑，而不是纠结在一个点上，关注整个服务过程、参与角色和交易流程，不能顾此失彼，得不偿失。

二、产品设计提升服务设计品质

1. 产品功能是服务内容的支撑

用户购买一种产品实际上是购买的产品所具有的功能和使用性能。产品功能与用户需求有关，如果产品不具备用户需要的功能，则会给用户留下不好的产品质量印象；如果产品具备用户意想不到但很需要的功能，就会给用户留下很好的产品质量印象；如果产品具备用户所不希望的功能，用户则会感觉企业误导了消费，更不会认可该产品的质量。

现今社会商业模式下，企业设计开发产品，体现在用户使用中往往不仅仅是单一的产品本身。随着用户体验要求的不断提升，产品外延不断扩展，已经不完全局限在产品本身，而有了更多的后续价值和服务依托。正如现今很多商品，已经从简单的交易完成开始延伸到后期的产品质量保障和售后服务，以及在整个交易环节中所有交易细节的规范和顾客体验。这使服务成为一种依托于产品功能存在的延伸和价值体现。

2. 产品设计助力"接触点"效用优化

服务设计作为一种现代理念，其成功实现和有效实施，需要服务系统中每一个"接触点"有效作用的发挥。在这个层面上，产品设计（也包括其他如交互设计等领域）可以对具体的"接触点"进行设计优化，或者可视化，或者提升信息传达质量，或者增强体验感受，等等，以保证服务系统中所设计的所有"接触点"效用的充分发挥，实现系统的服务目标，如图 7-5 所示。

3. 产品设计在服务系统中寻找创新点

产品设计是一种系统性的设计，假如想要一个新产品在最大范围内获得成功，设计师需要了解其存在的整个系统。在产品设计活动中关注与相关服务设计领域的融合，在构建服务模式、服务内容，乃至优化现有服务设计的过程中，可以发现原有产品本体以外的问题，探索潜在需求，进而拓展出更多的新产品设计。

思考题

7-1 研讨服务设计与系统化设计的异同。

7-2 服务的产品属性体现在哪些方面？

7-3 服务设计适应的范畴是否有界定，在哪些范围更适合推广？

7-4 举例说明服务设计实施的难点有哪些方面。

7-5 以医疗机构中就医相关内容为例，构想如何开展服务设计。

现代产品设计
主题热点分析

"

　　通过对本章的学习，一方面了解产品设计可以关注的一些领域或热点问题；一方面回顾产品设计的基本流程和主要内容，并融汇前面各个章节学习内容，综合性训练学生的产品设计研究与实现能力。

　　本章所提供的案例均为学生设计实践，框架性为主，建议教师作为参考，一些内容还需要评析取舍，或增补更为优秀有力的设计案例，以帮助学生深入领会。

"

第一节　智慧家居与智能产品设计

案例 1　"智慧养老"冰箱设计

本案例由白如月提供。

（一）概念创意与设计定位

1. 概念创意

第六次全国人口普查数据显示，我国人口老龄化正在加快，60 岁及以上的人口数量约为 1.78 亿人，占总人口的比重为 13.26%。如何保持老年人生活独立性，提升老年人生活质量，逐渐成为智能技术应用的一个方向。

产品设计需要针对特定地域或特定人群细分产品市场。本案例面向城市新老年用户群体（65~75 岁），以他们熟悉并可以操作简单家庭智能设备为前提，进行概念冰箱创意设计。希望未来智能冰箱可以通过填补老年人退化的认知和生理功能，来帮他们维系一种独立的高品质生活方式。

2. 设计定位

案例定位于新老年群体，关注设计的可用性，通过研究冰箱发展与现状、技术分类以及未来发展趋势，结合生活方式与产品设计之间的互动作用，综合梳理新老年用户需求，并将其转换为产品功能，借助大数据的应用，设计一款符合"智慧养老"理念的智能冰箱（图 8-1）。

3. 拟解决问题或社会关注点

本案例来自于对"智慧养老"主题的探讨与思考，主要包含两个方面：一是如何在不改变老年人群的独立生活状态下提升生活品质；二是如何让老年人群享受智能技术发展的成果。通过居家生活中必不可少的冰箱产品，将两方面进行融合，为人口老龄化社会提供理想的家居产品，彰显人文关怀。

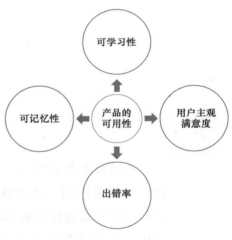

图 8-1　设计定位

（二）方案设计与细节推敲

1. 方案设计

1）目标用户家庭中拥有三门冰箱的较多，能占到 40%~50%，双门冰箱与对开门冰箱也较多，占到 30% 左右，还有少数家庭使用单门和多门冰箱。

2）冰箱主要被放置在家居空间内的三个主要区域，其中占比最大的是厨房，主要原因在于考虑到拿取食物或者冷冻食物更加方便。也有部分用户更看重家居空间的整洁性，因此选择将冰箱放置在厨房内，这样可以保持餐厅区域和客厅区域的整洁性。

3）存储时间划分：

临时冷藏行为（6h 之内，保鲜膜包裹）。

短期冷藏行为（6~48h）。

长期冷藏行为（大于 48h）。

冰箱的根本服务目标是保鲜或冷冻各类食品饮料。智能冰箱的服务目标可以分解为三个方面：其一是给用户提供冰箱的状态信息，并对冰箱内存放的食品信息进行管理；其二是给用户提供相关健康养生信息；其三是给新老年用户的其他年轻家庭成员提供饮食要求信息（图 8-2）。

从老年人身体机能退化、行动敏捷性降低和认知能力衰退来讲，语音识别设计是老年人智能产品设计的一个发展方向。语音识别能快速方便地帮助老年人完成任务，并能避免老年人手动操作时潜在的风险。

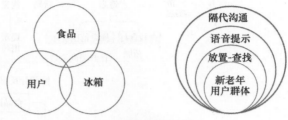

a) 服务目标交叉性

功能区分割　　药物存储区域　　查找信息提示

b) 服务目标特殊性

图 8-2　冰箱用户研究图

2. 细节推敲

从利益诉求，如安全诉求（冰箱外置门把手、长时间开门报警装置）、健康诉求（杀菌净味装置、抗菌材料使用、分类存储、变频静音等）、便捷诉求（冷藏室空间自由划分、下层冷冻室直开式设计、自动设置各间室适宜温度、文字清晰大显示屏）和智能诉求（冰箱远程控制，便于子女随时查看父母冰箱内食材有无短缺、超过保质期，进行药品和保健品提醒）方面，进一步明确新老年用户的需求以及设计创新点（药物提醒——"暖胃"区——存储记录——可视化提示），如图 8-3 所示。

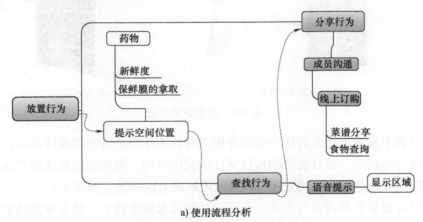

a) 使用流程分析

图 8-3　设计流程分析与创新点

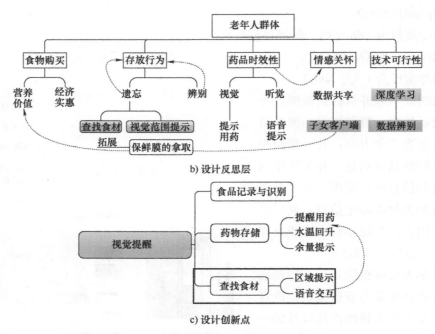

b) 设计反思层

c) 设计创新点

图 8-3　设计流程分析与创新点（续）

从情感诉求角度出发的设计能够保证设计以用户为中心（User Centered），在满足用户物质使用层面需求的基础上进一步满足用户在情感层面的诉求和需求。针对老年人遗忘以及需要服药的行为层分析，将冰箱门进行智能可视化以及语言识别的设计，以实现从感官情感到使用情感的设计表达，如图 8-4 所示。

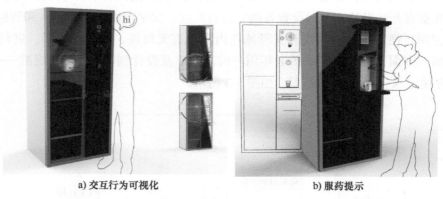

a) 交互行为可视化　　　　　　　　　b) 服药提示

图 8-4　情感诉求分析

调研过程中发现老年人群体中有部分用户在使用冰箱进行冷藏或冷冻时，经常会因为没有得到及时的提醒，错过食物的最佳烹饪或食用时间，因此通过对冰箱产品信息交互的优化，实现更加自然与直观的交互可以有效地解决上述问题，如图 8-5 所示。

冰箱设计需要消费者参与进来，在满足功能需求的前提下，建立牢固的情感联系，如图 8-6 所示。消费者的内心需求是动态变化着的，不是一成不变。通过智能化大数据背景

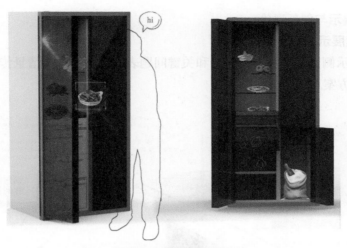

图 8-5 存储信息提示

的支撑，可以在对新老年用户饮食习惯分析的同时，进行家庭成员菜谱互动，增进子女与父母的日常情感交流与关怀，如图 8-7 所示。

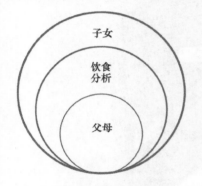

图 8-6 饮食情感交叉

图 8-7 家庭菜谱互动

3. 材料工艺与技术性能考虑

计算机温度控制（简称温控）相比较传统的机械温控方式，响应速度快，测温灵敏度高。用户可以根据食材的不同，选择储藏该食材的最佳温度，更加符合用户的使用习惯。随着智能家居概念的爆发，2018 年采用计算机温控方式的冰箱比例达到 85%。

目前，各大品牌变频冰箱产品基本都把能效等级控制在了 1 级能效范围以内，而且大部分的大容积冰箱也保持了 1kW•h/d 左右的能耗标准，可以说整个行业的能效等级进步是让 1 级能效产品保持高关注度的关键。消费者对于节能环保的意识也是逐年增强，对 1 级能耗的产品关注比例越来越高。

冰箱分类中，制冷方式的划分可以说决定了价位的高低。随着风冷型冰箱的普及与推广，目前市场上风冷冰箱越来越多。但单纯的风冷冰箱容易风干食材，所以目前市面上已经出现了混冷型的冰箱，即冷藏室采用直冷式供冷，冷冻室等易结霜的空间采用风冷无霜技术供冷，这样既能够保证无须手动除霜，同时也不易风干喜湿的蔬果类食材。

（三）效果展示与创新评价

1. 最终方案展示

最终方案展示侧重于冰箱使用分析和关键问题表达，结合交互情景传达本产品的设计理念，展示具体方案（图 8-8）。

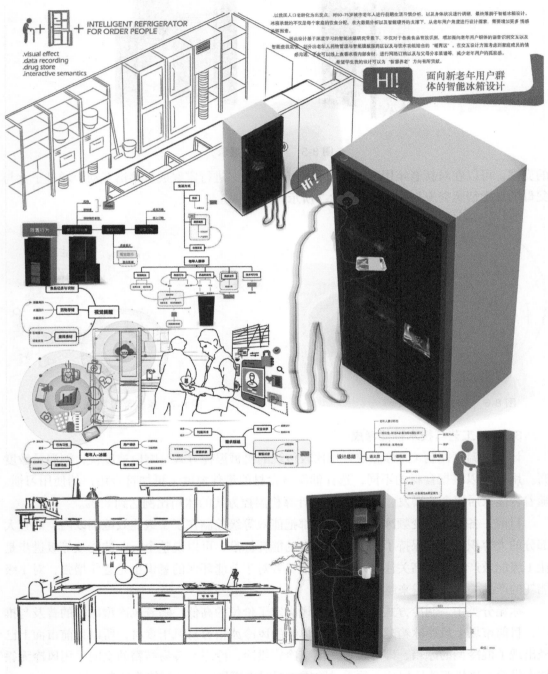

图 8-8　方案展示

2. 功能实现与使用方式说明

如图 8-9 所示，考虑到老年人的行为特点，设计的关注点更多聚焦到食品管理、健康安全的人性化设计和用户体验等方面，将功能重点放在视觉提醒和药物提醒上。

图 8-9　产品设计方向

3. 设计创新点与评价

基于老年用户生活方式去模拟与冰箱内食品发生的交互而进行功能定位。研究具体老年群体的生活方式，同时把握当今新老年用户群体的需求点。通过同理心模型，结合任务、场景与沟通工具，将每一次交互模拟成该用户群体需完成的任务以及在具体场景中的行为方式，与此同时针对差异化用户群体，通过同理心设身处地考虑实际的情景。如图 8-10 所示，最终将数据可视化以及药物提示作为创新点。

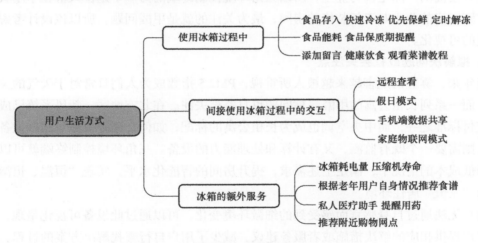

图 8-10　设计评价

4. 模型或者样机

最终模型与样机如图 8-11 所示。

案例 2　三角环境控制终端

本案例由薛松、马晓艺提供。

（一）概念创意与设计定位

1. 概念创意

在智能家居的产品划分中，一般分为传感

a) 模型结构图　　　　　　　　b) 样机图

图 8-11　模型与样机

器、网关和控制器三种，三种设备协同工作。传感器感受环境变化，将数据传送给网关，网关运算后将命令传送给设备，使设备自主运行，同时人可以通过控制器直接控制设备的运行。而将传感器、网关和控制器三合一的控制终端可以将元器件更有效地组合，降低实际成本。三角环境控制终端就是这样一款三合一的设备，包含了二氧化碳、甲醛、TVOC（总挥发性有机物）、温度、湿度和PM2.5等传感器，并且拥有一个网关和一块可触摸的显示屏，一机多能。

在传统智能家居中，单个空气传感器的数值可以通过显示屏查看，而多个传感器的数值则需要传送至手机App或者室内显示屏或者个人计算机才可查看，而此款设计使得查看数值更为方便。

由于该设备具有一块7in屏幕，所以可在其中添加物业服务、社区活动等功能。并且可以根据其监测的环境数据，为用户提供除醛、除异味等建议。

2. 设计定位

其设计用户群体之一定位于精装房项目，可以满足开发商对于简单智能化的要求，也可以满足功能性房间的要求。在精装房市场上，增加了一个智能化的概念，对于购房者来说，可以满足其生活品质提升的需求。

开发商的物业可以在该设备上增加物业服务功能，拓展增收渠道。

而开发商的产品定位为业主，所以三角环境控制终端的另一个定位人群在于刚买房的业主。刚买房的业主对于新装修的房间，最为关注的就是甲醛问题，所以该设计考虑了环境质量的可视化。

3. 拟解决问题或社会关注点

近年来，雾霾的危害越来越被人所重视，PM2.5指数成为人们日常对于天气的关注点之一，而一系列长租公寓的甲醛超标问题也日益被关注。在北方地区，新风系统已成为精装房交付标准之一，而中央空调也成为长租公寓的标配，如何合理有效地对这些设备进行控制，则需要一个既有监测，又有计算和处理能力的设备。三角环境控制终端就可以在大幅度降低成本的情况下，满足上述需求，提升房间的智能化水平，实现"恒温、恒湿、恒氧"的"三恒"居住环境。

用户无法通过自身感官而感受到的细微环境变化，可以通过此设备可视化呈现，并且还为用户提供相应的解决措施或者服务建议，减少了用户自行查找解决方案的过程，并且直接提供相应问题服务商的联系方式，非常便捷。

（二）方案设计与细节推敲

1. 方案设计

将传感器分为主机与辅机两部分，并可以各自独立使用。主机与辅机各含有六种传感器，在主机上可以显示辅机的各项数值，直接对空调、新风、地暖等设备进行控制。这样可以将主机和辅机置于不同的区域位置，例如主机在自己家，辅机在幼儿园等场所，或者辅机放置于父母或子女家。

主机与辅机在接触时，可以进行自组网，减少了扫码或蓝牙配对所需的步骤。

将三角环境控制终端设计为三角形，在于辅机可以任意放置而保持通气效果基本不变，检测数值不会有较大的波动，如图 8-12 所示。

图 8-12　效果方案

2. 细节推敲

将辅机的一周都开有直径 1.5mm 的小孔，通气效果更为优异（图 8-13）。

图 8-13　细节

优化了其显示界面，选择辅机所在位置更为直接，与此同时，查看数据也更为方便。将有环境问题的指标用颜色加以区分，使之一目了然。增加了改善环境问题的提示，告知用户当前环境下可以如何更好地提升环境质量（图 8-14）。

图 8-14　交互界面

设计后期将辅机的灯光显示修改为更为直观的指示性内容，使开关、WIFI连接、ZigBee等信息更加直观（见图8-15）。

图8-15　状态显示

3. 材料工艺与技术性能考虑

通过结构设计，将温度与甲醛传感器放置于主机最外侧，以降低二氧化碳传感器模块、PCB（印制电路板）、屏幕散热对其的影响。同时预留了尽可能大的空间与隔热区域，为增加功放等功能预留了空间。

方案采用独立传感器设计，PM2.5检测方案采用国内较为著名的厂商的解决方案，甲醛检测方案采用某知名国际公司的解决方案，保证了主要检测数据的真实性和稳定性。

（三）效果展示与创新评价

1. 最终方案展示

方案最终效果如图8-16所示。

图8-16　最终效果

2. 功能实现与使用方式说明

可以通过主机自身传感器得到检测数值，经用户同意后，自主控制新风、空调、地暖、推窗器和加湿器等设备的开关与运行模式，达到"三恒"的效果，可以远程查看辅机所在位置的空气质量情况。

在主机输入所在网络环境的 WIFI 密码后，可以通过辅机与主机的碰触，使得辅机联网，之后将辅机与已联网的空调、新风、加湿器等设备控制面板轻触后，则可以联通实际操控设备，完成自组网。

系统数据存入云端，可以通过 App 实时查看环境数据以及数值的变化趋势，预测甲醛或 PM2.5 含量数据的变化趋势。

3. 模型或样机

样机模型如图 8-17 所示。

图 8-17　样机模型

<hr>

第二节　老龄化与医疗产品设计

案例　血糖仪胰岛素注射器

本案例由侯思达提供。

（一）概念创意与设计定位

1. 概念创意

产品概念创意是基于关注和解决胰岛素准确定量注射的问题。胰岛素注射少，达不到控制血糖的目的；而如果胰岛素注射过量，就可能产生低血糖的危险。对于需要常年用胰岛素控制血糖的患者来说，如何更合理更有效地注射胰岛素是他们关注的问题，也是本案例设计的初衷。

2. 设计定位

在老龄化社会，智能产品的普及使用对老年人往往产生很多的障碍，为老年人设计一款家庭医疗健康检测的产品，既可检测预防或者治疗疾病，又可提高老年人的生活水平，使独自在家的老人更加安全。

3. 拟解决问题或社会关注点

糖尿病患者的血糖会根据每天摄入的糖分发生实时变化，胰岛素注射量的血糖公式又十分复杂，不容易记忆。产品希望简化血糖仪和胰岛素注射器的使用步骤，更方便患者尤其是老年患者使用。

（二）方案设计与细节推敲

1. 方案设计

产品设计将糖尿病患者日常所用的血糖仪和胰岛素注射器进行整合，满足糖尿病患者检测血糖和进行胰岛素注射的双重功能。为了有效避免糖尿病患者由于自身饮食、运动或外界影响等因素导致血糖变化不稳定的情况，产品内部 AI（人工智能）芯片通过检测血糖值，计算当前需要注射胰岛素的计量。本产品避免了测血糖和胰岛素注射两个操作中需要频繁更换医疗器械的麻烦。

2. 细节推敲

血糖仪胰岛素注射器为笔形，上部为无创血糖检测仪，检测误差不超过 0.2mol/L，减少患者频繁扎指血的烦恼；下部为微创胰岛素注射器，操作简单，减少患者对繁琐操作步骤的记忆，避免误操作，而微创注射则减轻了对皮肤的伤害。

血糖仪胰岛素注射器上设有显示屏，用来显示血糖量和胰岛素注射量。用户可以更直观地了解自己的血糖含量，也可以自己微量调整胰岛素注射量。在检测时，有灯光提醒使用者当前操作的进程（图 8-18）。

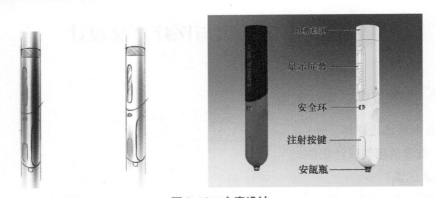

图 8-18　方案设计

3. 材料工艺与技术性能考虑

血糖仪胰岛素注射器整体采用医用 PVC（聚氯乙烯）材料，上部表面进行金属化处理，下部表面进行磨砂处理，以保持良好的握持感。上部屏幕通过 LED 液晶显示屏显示，

血糖检测仪选用无创血糖仪。检测完血糖，通过血糖胰岛素换算公式

$$\mu = \frac{(18C-100) \times 10 \times m \times 0.6}{1000 \times 2}$$

式中，μ 是每日胰岛素用量（mL）；C 是空腹血糖（mol/L）；m 是患者体重（kg）。

AI 芯片完成换算后，在 LED 液晶显示屏上显示。下部采用微创胰岛素注射器，只需要更换安瓿瓶，就可以完成注射。

（三）效果展示与创新评价

1. 最终方案展示

本方案效果展示如图 8-19 所示。

图 8-19　效果展示图

2. 功能实现与使用方式说明

产品使用分为血糖监测、查看血糖值及胰岛素注射值、解锁安全环、注射胰岛素四部分，操作上需要五个步骤来完成，如图 8-20 所示。

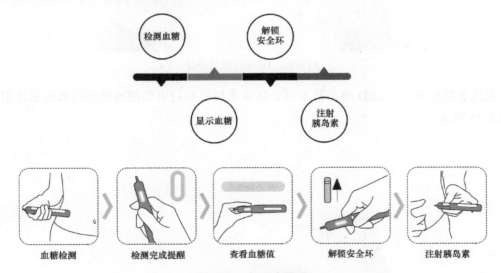

图 8-20　使用步骤图

上部为无创血糖检测装置，贴合皮肤就可触发检测血糖；下部为微创胰岛素注射器，

检测完血糖，将笔尖接触皮肤就可以完成注射，如图 8-21 所示。

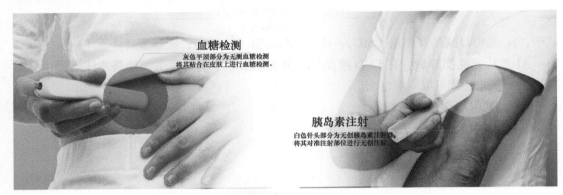

图 8-21 血糖监测与胰岛素注射

血糖检测时会有灯光提醒，当灯光为一个闭合的圈时，血糖检测完成即可以离开皮肤，如图 8-22 所示。

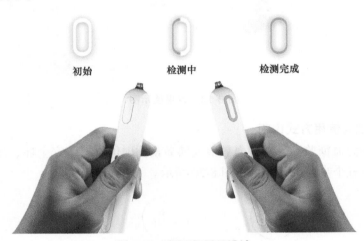

图 8-22 闭环灯显示设计

完成血糖检测后，LED 液晶显示屏会显示血糖值和对应当前血糖值的胰岛素注射量，如图 8-23 所示。

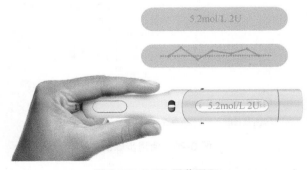

图 8-23 LED 屏幕显示

患者也可以通过 LED 液晶显示屏上下两端的按键对胰岛素注射量进行微量调整,一次微调量为 0.1mol/L,如图 8-24 所示。

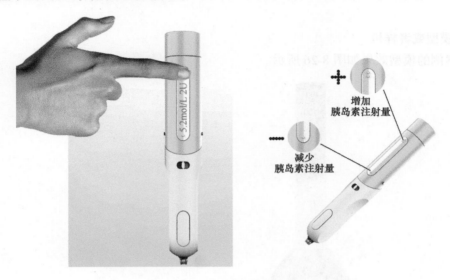

增加
胰岛素注射量

减少
胰岛素注射量

图 8-24 手动调整剂量

在注射时,LED 屏幕上会模拟胰岛素针管注射进程,屏幕上的亮灯从上至下逐次减少直至全部消失,即表示注射完成,如图 8-25 所示。

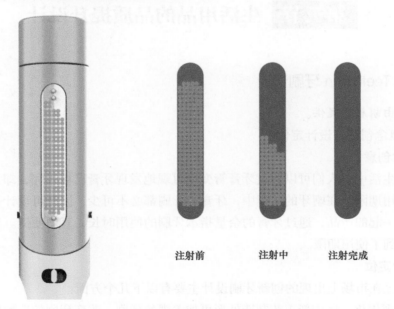

注射前   注射中   注射完成

图 8-25 胰岛素注射 LED 显示

3. 设计创新点与评价

设计将具有前后关联性的操作任务进行整合,提升了完成一个系列任务的流畅性。同时，借助于智能技术支撑，整合后的产品功能更加强大，人机交互界面更加人性化，在准确性、安全性和宜人性等方面都得到了比较好的提升，比如封闭灯环的显示、药量调整等。

4. 模型或者样机

本案例的模型效果如图 8-26 所示。

图 8-26　模型效果图

第三节　生活用品的品质提升设计

案例　Teeth Pen 牙刷设计

本案例由胡辰韬提供。

（一）概念创意与设计定位

1. 概念创意

在日常生活中，人们可以通过牙膏管变瘪直观地发现牙膏已被用完，却无法及时发现牙刷到了使用期限。在刷牙的过程中，牙膏与牙刷都必不可少，因此可设计一款将牙膏和牙刷结合在一起的产品，通过牙膏的余量指示牙刷的使用时长，直观便捷。当牙膏用完之后，牙刷也到了使用期限。

2. 设计定位

目前已经在市场上出现的创新牙刷设计主要有以下几个方面：

（1）外观优化　使用新工艺制造外形更加美观的牙刷，改变牙刷的造型使之更加便于放置握持。

（2）环保材料　采用小麦秸秆或竹木等天然材料制作牙刷柄，使其更加易于降解。

（3）改进刷头　在刷毛中加入竹炭成分，提高普通尼龙刷毛的抗菌和清洁能力；使用硅胶等新型材料制作新结构刷头。

（4）便携牙具　将牙刷设计成可折叠结构，使牙刷在折叠之后刷毛被包裹在内部以便于携带；将牙刷与牙杯集成为一个整体，便于在旅行中使用；在牙刷刷柄内设计容纳牙膏的空间。

（5）电动牙刷　通过置于牙刷刷柄内的电动机驱动刷头转动或高速振动，以达到清洁牙齿的目的。

通过分析目前已有的牙刷创新设计，明确设计定位。

Teeth Pen 牙刷是一种成本相对低廉，可大批量生产的产品。设计美观，满足对设计有一定要求人群的审美需要。鉴于牙刷刷头的设计和牙刷本体的尺寸，Teeth Pen 牙刷适用于各年龄层段的成年人。牙杯底座的设计使牙刷既可居家使用，也可在旅途中使用。

3. 拟解决问题或社会关注点

牙刷一般在使用 2 个月左右之后，需要及时更换，否则牙刷上残留的细菌会影响牙刷的清洁能力。但人们在使用牙刷的过程中，很难直观地发现牙刷已经到了使用期限。有些人甚至直到牙刷刷毛出现卷曲或者掉毛的情况时，才想到要更换牙刷。此外在挤牙膏的过程中，人们很难精确控制牙膏的挤出量，还有一些人认为牙膏用得越多清洁效果越好。而事实上过量使用牙膏会导致牙齿磨损。

Teeth Pen 通过改进现有牙刷的设计，引导用户以更加合理的方式使用这种产品，提高人们的生活品质。

（二）方案设计与细节推敲

1. 方案设计

牙刷由握把到刷头的内壁与外壁均采用曲面平滑过渡，防止牙膏在刷柄内壁残留。刷柄截面采用近似于圆角三角形的结构，不仅便于握持还具有防滚的功能。刷头的轴线与刷柄的轴线相互偏离，使刷柄的任何一面与桌面接触时，刷头都不会触及桌面。

牙刷使用完毕之后宜刷头向下竖直放置，因此牙刷配有相应的支座。牙刷支座可以避免牙刷置于行囊中时刷头受污染，在没有水杯时，还可作为简易牙杯使用。

牙刷底端为压泵式挤出机构，由内外双组弹簧分别控制的挤出按钮和通气阀组成。在手指按下压泵按钮后，中心的通气阀被打开，但由于按压的手指正好堵住了按钮中心的通气孔，容纳牙膏的手柄内空腔并不能与外界大气互通。此时压泵类似于一个空气活塞，将牙膏挤出。当手指离开按钮后，由于不再堵住按钮中心的通气孔，在通气阀复位之前，空气进入装有牙膏的手柄空腔内。从而保证挤出牙膏之后手柄空腔内外气压的平衡，防止已挤出的牙膏出现倒吸现象，如图 8-27

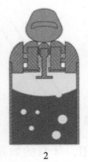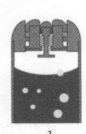

1　　　　　2　　　　　3

图 8-27　挤出机构设计

所示。

牙刷内的牙膏为一种透明有色的膏状物质，有颜色的牙膏本身代表一种"可使用"的信息。而当牙膏用完以后，透明的牙刷也就失去了颜色，转而指示"不可用"的状态。

2. 细节推敲

通过进一步改进设计，在刷柄处增加了两处磨砂刻度标记，用于指示还可使用的时长，有助于提醒用户及时更换牙刷，把握每日的牙膏用量。

3. 材料工艺与技术性能考虑

本牙刷的主要部件采用 PETG（一种非结晶型共聚酯）塑料注射成型。PETG 塑料具有透明度较高、易于加工等特性。与 PC（聚碳酸酯）塑料相比成型周期短，成品率高，价格低廉。与亚克力（聚甲基丙烯酸甲酯）相比更加耐用。此外 PETG 塑料为环保材料，符合食品接触的要求，在食品和医疗卫生领域有很广泛的运用。

图 8-28　方案效果

（三）效果展示与创新评价

1. 最终方案展示

最终方案效果如图 8-28 所示。

2. 功能实现与使用方式说明

按动刷柄顶部的按钮，位于刷毛包围的刷头中心处的由硅胶制成的扁平挤出口会挤出牙膏。每按动一次挤出的牙膏量正好适用于一个成年人每次刷牙使用，如图 8-29 所示。

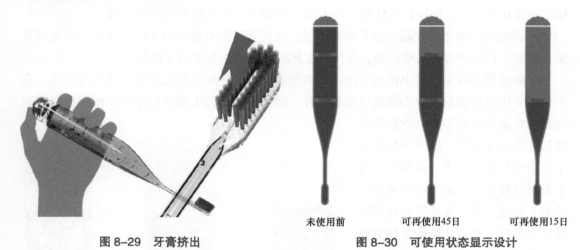

图 8-29　牙膏挤出　　　　　图 8-30　可使用状态显示设计

随着牙刷的使用，牙膏的数量逐渐变少，刷柄上的刻度提示还可继续使用的时间。当牙膏用完之后牙刷便可废弃（图 8-30）。

3. 设计创新点与评价

该设计将牙刷与牙膏有机结合在一起，造型简洁美观。利用牙膏余量指示牙刷使用时长的方式新颖巧妙。此外在挤出机构以及牙膏挤出口的设计上还可进一步推敲完善。

4. 模型或者样机

略。

第四节 装备与公共设施产品设计

案例1 中子散列源巡检隧道机器人

本案例由薛松等人提供。

（一）概念创意与设计定位

1. 概念创意

工业试验室的产品设计需要更多地考虑其实际使用环境与使用人群的便利性。这款设备应用于某研究所，是一款隧道巡检机器人。

区别于普通民用机器人设计理念，此款机器人设计更多地从产品交互性角度进行思考，考虑了其实际使用条件，比如悬挂式的使用方式，使用环境为散列中子源研究试验室，其内各个组件为模块化组装方式，防辐射，并要使其各个模块方便检修与更换。

结合产品的实际使用需求，在造型设计方面，则以"简"为基础，以简洁、科技、平衡为核心设计理念，突出其功能性，便于设备日常维护，在保证适应整个使用场景的同时，尽量控制成本。

2. 设计定位

这是一款应用于尖端科学试验的产品，以功能为先决条件，兼顾产品与使用环境的融入感，注重视觉平衡与协调，基于快速生产的需求，在产品设计定位上尽可能简化降低制造工艺难度。

3. 拟解决问题或社会关注点

对于原有的巡检机器人进行结构、交互与造型方面的优化，与原版巡检机器人相比，此款设计的结构更加合理，更加突出用户（巡查工程师）与其交互的便利，同时造型与环境和谐统一，符合设计美学。

通过此款设计，希望其可以表达优秀的交互设计理念，通过形式感传递功能与品质定位的高度，这也是区别于传统设计的关键点。

（二）方案设计与细节推敲

1. 方案设计

基于设计要求，对产品原有各个模块进行包裹性设计，满足产品的功能需求。由于产品为钣金加工，将主体部分拆分为 3 块钣金折弯组合的方式，各个模块在相应的位置进行切割分离，并通过螺钉直接固定在结构钢架上，以方便检修工程师踩梯作业时，拆卸螺钉不会存在安全隐患，也使模块更换时操作方便。

产品的表面处理工艺为金属阳极氧化技术，整体造型着重于细节的修饰而抛弃了大的起伏，这也是为了便于保洁人员清理，减少产品发生表面斑驳的情况，延长其视觉寿命。

产品摒弃了多余的设计修饰，以产品功能为设计需求，着重于对拼接处等必要的部分进行设计思考，最终完成了这一款简洁实用的设计方案，如图 8-31 所示。

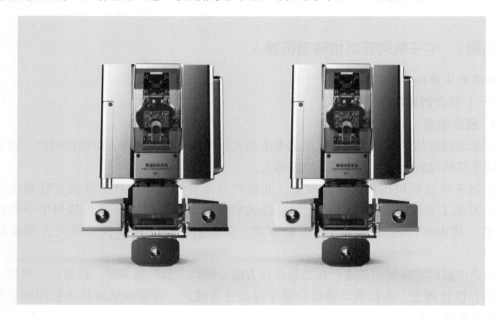

图 8-31　方案设计

2. 细节推敲

每个模块的外板都会贴上功能贴纸（图 8-32），便于工作人员检修更换，降低工作失误的概率。

选择贴纸贴于金属外壳上，而非丝印的原因有以下几点：

1）便于产品组装。每个产品均有两块尺寸相同的模块外板，若直接丝印完成，则在组装过程中易发生装反的情况，会造成工作失误。

2）减少一套丝印模板，为制造过程带来更多的便利。无须对相同尺寸的模块外板进行分类，即使贴纸贴错也可撕掉重贴。若是直接丝印，则必须对两套模块外板进行分拣，同时也需要对两套外板

图 8-32　功能贴纸

分开储备，以备后期维修。

所以，贴纸与丝印相比，制造成本、人工成本均可降低很多，提前规避掉很多风险。

所有模块的拼接均采用外露螺钉（图8-33），考虑检修工程师站在高梯上作业，外露的螺钉便于拆卸。所有螺钉均设计于结构钢架上，与产品外壳是分离的，拆卸模块非常安全，不会造成其他部分的掉落。

3. 材料公益与技术性能考虑

图8-34所示为产品的结构设计图。由此可以看出，造型设计尽可能地支持了结构的设计。整体设计则是以交互性为出发点，在现有条件下进行优化，为用户做更多思考。

图8-33 外露螺钉

（三）效果展示与创新评价

1. 最终方案展示

图8-35所示为机器人沿轨道行进工作。

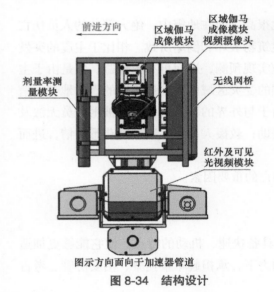

前进方向
区域伽马成像模块
区域伽马成像模块视频摄像头
剂量率测量模块
无线网桥
红外及可见光视频模块
图示方向面向于加速器管道

图8-34 结构设计

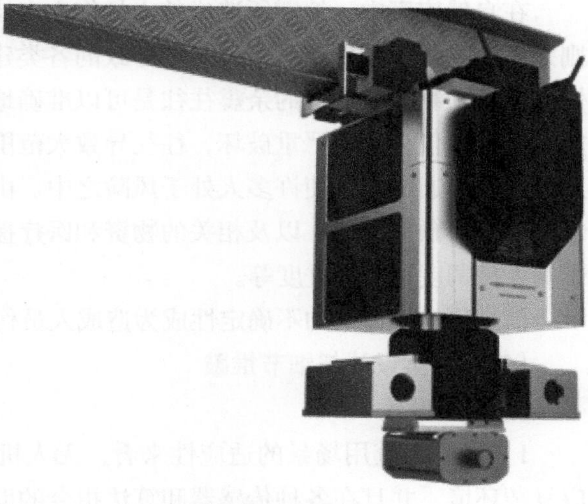

图8-35 工作状态

2. 功能实现与使用方式说明

巡检机器人通过摄像头捕捉到射线，并通过程序分析来判断当前环境是否符合试验要求。

产品由三个部分组成：顶部的固定架、中间的巡检机和下部的摄像头。当设备开启时，巡检机器人会在轨道上运行，并随时对环境进行检测。

3. 模型或样机

略。

案例 2   无人机救灾网络通信系统

本案例由刘东升提供。

（一）概念创意与设计定位

1. 概念创意

近年来，自然灾害多发，尤其以地震灾害给人们的生命财产安全带来的危害最大。而地震灾害救援也是设计领域的一个热门研究课题。可快速搭建模块化帐篷、微型的生命探测机器人等一系列灾害救援装备，依托新技术或精巧的结构设计来帮助人们更加安全、高效地开展救援行动。

当下，无人机技术迅速发展，为全球产业带来了巨大影响，也为解决灾害救援过程中遇到的问题提供了更多的可能性。本案例试图探讨无人机在灾难救援领域的应用，如何能够帮助人们快速、高效地展开救援行动。

2. 设计定位

在地震灾害发生时，借助无人机技术，来规划一个能够进行高效、准确、快速救援行动的救灾模式，并以此来探索无人机技术在灾害救援当中的应用。

3. 拟解决问题或社会关注点

在自然灾害中，地震所造成的人员伤亡占比很高。而在地震中，绝大部分的人员伤亡则是由于主震以及后续一系列余震导致的各类建筑物破坏和倒塌所致。相比于主震的突发性和难以预测性，后续的余震往往是可以准确地实现预测，进而可有效规避。但是由于主震对灾区通信设施的严重破坏，往往导致大范围的受灾区域成为信息传输的真空地带。信息传输的不通畅，致使许多人处于风险之中。由于与外界的联系被切断，被困人员无法及时获得灾情预警信息，以及相关的物资和医疗援助；救援人员也无法及时获悉灾情，进而影响人员调度和救灾进度等。

信息隔绝所带来的不确定性成为造成人员伤亡的重要因素。

（二）方案设计与细节推敲

1. 方案设计

1）从服务应用场景的适应性来看，无人机具备快速、机动的特点，使它能够更加适应复杂环境，并且在各种传感器和算法指令的助力下，承担起军事侦察、治安协管、考古探险以及灾害救援等高危任务。

无人机集群技术也已经获得了长足发展。最早应用于军事领域的集群技术已经具备了多机协同、抗干扰能力强、适应性强以及智能自主的特点。较低的成本和反复利用性使其快速地进入了民用领域。

技术的不断优化和成熟使得无人机已经具备了适应复杂应用场景的能力。

2）从系统服务的角度来看，在整个无人机服务网络之下，指挥中心、救援队伍、受灾者三个群体对象相互建立联系，并在各个联系环节中发生交互，有序地构成救援网络服务的整体。

3）从服务对象的角度来看，即满足受灾者、
救援人员和指挥中心的不同需求，需要从多种不
同维度来思考三者使用服务的各个环节，并以此
为目的，来提供统一高效的服务，从而促进快速
高效的救援开展，如图 8-36 所示。

图 8-36　救援信息系统

2. 细节推敲

通过多架无人机组成的无人机群搭建一个覆
盖灾区的临时应急通信网络，来解决灾害对当地
的通信设施损毁所造成的通信中断问题。并且在无人机网络服务框架之下，尽可能地从多
种维度思考可能存在的交互形式和用户使用服务的环节，提升体验价值。

通过无人机建立的应急通信网络，可以架起内外沟通的桥梁。指挥中心据此对救援
行动进行实时指挥调控，包括人员调度以及实时了解灾区情况；受灾者通过无人机网络与
指挥中心以及救援队取得联系，寻求更及时的帮助（医疗救助、自救指导、心理抚慰等）；
救援队伍可以借助受灾者的求救信息（位置信息等）展开精准救援，以避免次生灾害对受
灾群众造成再次伤害；除此之外，借助无人机内置的模块化相机实时采集到的地面数据，
以及救援队伍汇报，可以帮助指挥中心宏观评估灾害状况，进而采取更加高效的救援措
施，如图 8-37 所示。

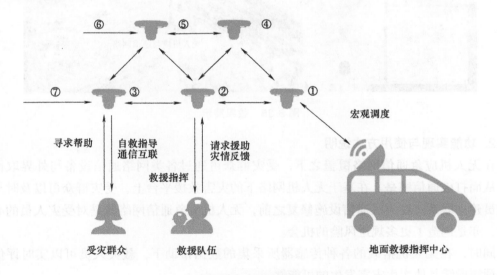

图 8-37　设计原则

3. 材料工艺与技术性能考虑

在当前的设计规划中，无人机作为自组网的关键，在其小型化的过程中，续航能力、
负载能力、恶劣气候条件下的飞行稳定性等都需要继续进行技术攻关和提升，以满足实际
使用的需要。

同时，灾害应用场景下，需求复杂，影响因素众多，无人机的环境适应性需要大幅提

升。对于环境的感知和认识能力、可扩展性、智能避障和飞行规划能力、协同能力等都需要提升，以适应更复杂的应用场景。

（三）效果展示与创新评价

1. 最终方案展示

最终的方案效果如图8-38所示。

图 8-38　效果展示

2. 功能实现与使用方式说明

在无人机应急通信网络覆盖之下，受灾群众可通过各类网络通信设备与外界取得联系，从而打破通信壁垒。在基于无人机网络下的灾害救援平台上，受灾群众可以及时与救援人员建立联系。在灾区通信设施修复之前，无人机应急通信网络既是对受灾人员的心理安慰，亦是创造了更多规避风险的机会。

同时，在无人机搭载的各种传感器所采集的数据帮助下，救灾人员可以实时评估灾情，预测后续其他次生灾害发生的可能性。

3. 设计创新点与评价

无人机灾害救援服务网络是新的技术条件下的创新尝试，是对于灾难救援这个重大课题中的难题提出的探索性解决方案。设计关注了特定灾害场景下的需求，提出了场景适应性较强的服务模式。且从技术层面而言，设计具备落地实施的条件，具备极强的可操作性和实施性，其实用价值和社会价值可期。

但是设计深入程度不足，在目标族群的各个交互触点中的设计不具体，尚需要更多相关设计来细化推敲。

第五节 文创与旅游商品类产品设计

案例1 火山杯

本案例为海口旅游商品设计大赛参赛作品，由薛松提供。

（一）概念创意与设计定位

1. 概念创意

创意来源于水杯中水的温度的变化与杯壁之间关系的建立，并将可能的变色的效应与海南海口石山火山内容相结合，用火山熔岩的具象效果，表现出水的温度变化，使温感变为直观的视觉感受，无须用手去触碰感知。

2. 设计定位

设计定位于旅游文创产品，与海南海口石山火山群国家地质公园主题相结合，使旅游文创产品除具有观赏效果外，还具有实际使用价值。将景区特色与实际产品融为一体，提升旅游景点的文化附加值。

3. 拟解决问题或社会关注点

主要解决文创产品缺乏实际使用价值和与生活脱节的问题，同时也探索了通过视觉感受替代触觉感知的温度体验模式。

（二）方案设计与细节推敲

1. 方案设计

以保温杯为原型进行设计，考虑手拿的时候可以只拿盖子而不被烫到，如图 8-39 所示。

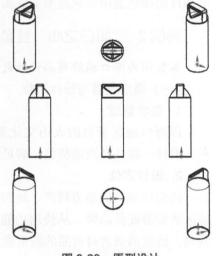

图 8-39　原型设计

2. 细节推敲

细节推敲主要在于火山熔岩纹路的选择和表面处理的方式。所需求的外表，要有足够的色彩变化，同时也需要有手握住杯子后，如同握住石材的粗糙手感，如图 8-40 所示。

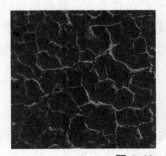

图 8-40　细节设计

3. 效果展示

本方案最终的设计效果如图 8-41 所示。

图 8-41 设计效果

4. 使用方式

当倒入水的温度在 80℃以上时，杯体会呈现出橙色的熔岩图样，在温度降低后，熔岩图样的颜色会由橙色逐渐变成褐色，最终变为深灰色。

案例 2 "海口之心"挂坠设计

本案例为海口旅游商品设计大赛参赛作品，由胡昳提供。

（一）概念创意与设计定位

1. 概念创意

以海口地区著名的火山文化为切入点，提取火山相关元素，并结合当地旅游文化特色，设计一款具有当地特色，满足旅游消费者物质和精神双重需求的旅游商品。

2. 设计定位

将海口地区的地方特产、地理文化最大限度地融入旅游商品设计中，打造独属于海口地区的旅游商品品牌。从使用功能、外观造型等多方面引起旅游消费者与商品之间的情感共鸣，诱发消费者对商品的购买欲望，实现商品的物质和精神双重属性。

3. 拟解决问题或社会关注点

海口市作为海南省的政治、经济和文化中心，具有丰富的旅游文化资源，著名的火山、骑楼、红树林等标志性景点和建筑是开发当地旅游商品的巨大资源。但由于旅游商品开发起步晚、基础薄弱等因素，导致海口旅游商品存在产品种类少、旅游商品同质化严重以及开发和创新难以实现突破等问题。因此，本设计的目的是为了解决海口在旅游商品创意设计开发领域的困难，通过深度思考和精准设计，打造出富有海口地区特色的旅游商品。

（二）方案设计与细节推敲

1. 方案设计

如图 8-42 所示，将海口地区著名的火山文化作为设计背景进行深入分析，将人们脑海中常见的火山形象从颜色和材质上进行解构，提取出黑色的火山石和蜿蜒曲折的红色岩浆这两个主要元素进行组合重构。以饰品作为载体，将当地著名的马鞍岭火山中的双生小火山作为岩浆曲线原型进行设计，勾勒出岩浆在火山中流动的状态，重现火山喷发的场景。让消费者一看商品就能联想到海口著名的火山景点，激起文化和情感共鸣。

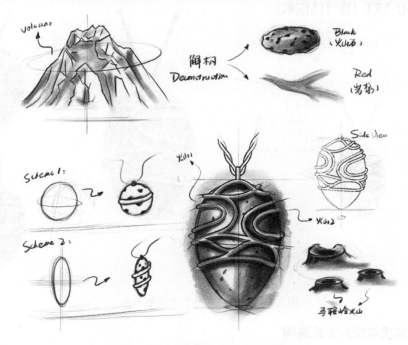

图 8-42 "海口之心"方案创意

2. 细节推敲

如图 8-43 所示，产品直接采用当地火山石为原材料以代表火山的整体形象，用红色的铜线代表流动的岩浆。整体形状为心形，而火山景区及文化也被比作海口地区的"心脏"，故取名为"海口之心"。

3. 材料工艺与技术性能考虑

产品以极富当地特色的火山石为原材料进行打磨抛光处理，外绕拼合而成的红色铜丝，将当地天然原材料与富有光泽的金属材质进行完美结合。

（三）效果展示与创新评价

1. 最终方案展示

最终商品方案和宣传图如

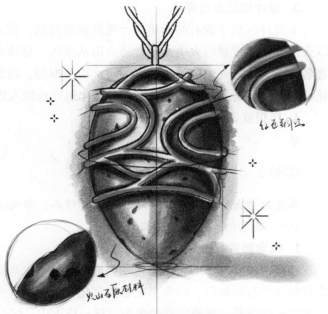

图 8-43 "海口之心"方案细节图

图 8-44 所示。

图 8-44 "海口之心" 方案展示图

2. 功能实现与使用方式说明

挂坠上火山石天然原材料的颜色与红色铜线的结合，演绎出经典的红黑配色，使整个设计古朴雅致，可直接佩戴至颈项上，起到饰品装饰的作用。另外当地传说火山石含有几十种矿物质和微量元素，对人体有益。

3. 设计创新点与评价

本设计区别于现有的同质化严重的旅游商品，深入挖掘地方文化和特色。通过提取出以火山文化为背景的火山元素，将火山从颜色、材质和作用等方面进行解构，再根据当地著名景点马鞍岭火山中的两个寄生小火山为原型，以饰品为载体，重构设计出具有当地文化特色的旅游商品。通过设计将地方文化很好地融入旅游商品的外观和功用中。

4. 模型或者样机

略。

案例 3 "环忆" 手饰品

本案例为海口旅游商品设计大赛参赛作品，由胡昳提供。

（一）概念创意与设计定位

1. 概念创意

以海口地区著名的火山文化和当地特产——永兴荔枝和海南椰子为切入点，采用当地特有的火山石原材料，结合当地旅游文化特色，设计一款满足旅游消费者物质和精神双重需求的旅游商品，并将主题命名为"环一株火山，忆一方海口"。

2. 设计定位

将海口地区的地方特产、地理文化最大限度地融入旅游商品的设计中，打造独属于海口地区的旅游商品品牌。从使用功能、外观造型等多方面引起旅游消费者与商品之间的情感共鸣，诱发消费者对商品的购买欲望，实现商品的物质和精神双重属性。

3. 拟解决问题或社会关注点

海口市作为海南省的政治、经济和文化中心，具有丰富的旅游文化资源，拥有众多有地方特色的美食，著名的火山、骑楼、红树林等标志性景点和建筑是开发当地旅游商品的巨大资源。但由于旅游商品开发起步晚、基础薄弱等因素，导致海口旅游商品存在产品种类少、旅游商品同质化严重以及开发和创新难以实现突破等问题。因此，本设计的目的是为了解决海口在旅游商品创意设计开发领域的困难，通过深度思考和精准设计，打造出富有海口地区特色的旅游商品。

（二）方案设计与细节推敲

1. 方案设计

如图 8-45 所示，将海口地区著名的火山文化和当地特产食物——永兴荔枝和海南椰子作为设计背景进行深入分析，提取出黑色的火山石原材料、椰子独有的纹路和荔枝的颜色形态这三个主要元素进行组合重构。以手饰品作为载体，让消费者一看到商品就能联想到海口的荔枝、椰子和火山，不断回味这些美食、美景。通过产品将海口文化和游客的情感联系到一起。

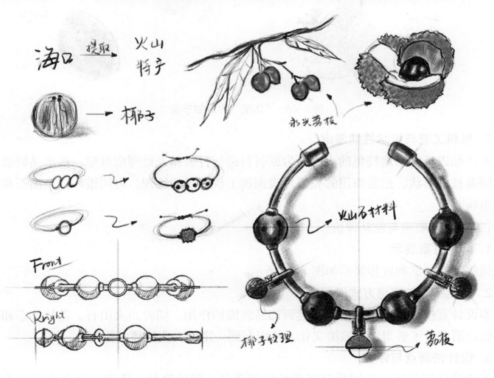

图 8-45 "环忆"方案创意

2. 细节推敲

如图 8-46 所示，产品直接采用当地原材料火山石打磨成珠，同时将银片加工成椰子的独特纹路，用以喻义海南椰子，将水晶表面加工成荔枝表皮凹凸不同的纹路，红色代表荔枝皮，白色代表新鲜可口的果肉，旨在诠释海口的旅游文化。

图 8-46 "环忆"方案细节图

3. 材料工艺与技术性能考虑

本产品以极富当地特色的火山石为原材料进行打磨抛光处理成球形，将水晶研磨加工成半颗荔枝的形状，把装饰用的亮银片表面加工成椰子的纹理，再用银环将火山石和各装饰品串联起来。

（三）效果展示与创新评价

1. 最终方案展示

最终商品方案和宣传展示如图 8-47 所示。

2. 功能实现与使用方式说明

本设计直接佩戴于手腕处，可起到饰品装饰的作用。同时，火山石、荔枝形态和椰子纹路能让消费者了解当地的旅游文化，从而起到一定的文化传播的作用。

3. 设计创新点与评价

本设计区别于现有的同质化严重的旅游商品，就地取材，用海口的火山石作为原材料，再将永兴荔枝和海南特产椰子作为文化背景依托，取荔枝的形态、颜色和椰子的纹理加以点缀，以饰品为载体，设计出具有当地特色的旅游商品。通过设计将地方文化很好地融入旅游商品的外观和作用中，有利于当地文化的传播。

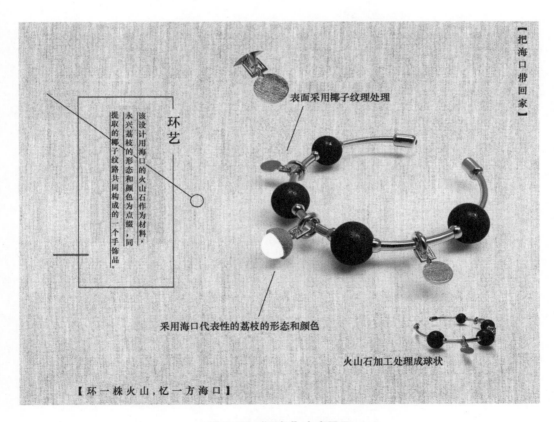

图 8-47　"环忆"方案展示

4. 模型或者样机

略。

8-1　比较思考不同产品领域开展设计活动中考虑的侧重点差异。

8-2　尝试分析不同产品或者行业领域中产品设计探寻创新切入点的规律或者经验。

8-3　对本章列举的实践案例进行评价，剖析其中不足和可进一步优化的内容。

产品设计
命题实践

第九章

> 通过本章的产品设计命题练习，完善学生从事产品设计活动的各方面能力，使其扎实掌握一件产品从无到有的所有程序环节，侧重锻炼学生需求研究、设计创意、方案制作和设计展示、输出等方面的能力。
>
> 命题适合于学生分组选择进行。重点在于就一个或几个产品领域方向进行深入设计体验，教师全程参与并组织阶段性的研讨交流，适时进行评价指导。

命题（一）　智慧交通

一、题目

智慧交通——公交候车服务系统设计

二、说明与提示

1）结合智慧城市发展过程中公交候车亭功能的优化与完善，设计一款具备系统指引与候车服务功能的公共设施。

2）关注设计的系统性和完整性，设施功能的增设要考虑适用性、可用性和易用性等众多方面因素影响。

3）要考虑智能主题下系统设施与个人移动通信工具之间的功能分配，避免功能重复引起的资源浪费。

4）可以适度将候车服务系统设计中的"等候"内容加以充实丰富，分散乘客候车可能产生的焦虑，同时增加设施融入和参与其他城市生活的可能性。

命题（二）　手动器具设计

一、题目

手动器具设计——使用方式研究与人机界面创新

二、说明与提示

1）观察研究生活中存在的各类小工具的使用情况，分析其中人机关系的合理性或存在的可优化内容，选择从某一角度或层面进行创新性设计改良。也可以在行为或生活内容研究基础上，创造性设计一种具有相关功能的工具产品。

2）观察研究要关注细节，深入比较并挖掘其中可能存在的工具应用机会，或者是现有工具产品使用中存在的可优化内容，作为设计的切入点。

3）工具产品在生活行为中的功能替代要考虑可行性和必要性，也就是说不能无限度夸大工具产品的作用而忽视主体人的各方面感受。

4）工具产品参与人类生活的深入性要适度、自然，不建议为展示某些技术而使生活或者一些基本行为、操作复杂化（或者技术化）。

命题（三）　坐具设计

一、题目

坐具设计——生活空间中的时尚

二、说明与提示

1）结合不同的空间功能，借助于主体人的各种行为方式，设计具有功能创新性或者展示时尚艺术趋向的坐具产品。

2）设计的切入点可以从比较多的角度考虑：工作、休憩、特定功能、新材料工艺等，或者多种角度结合进行。

3）"坐具"的概念不完全等同于座椅，在设计研究中注意进行拓展，不要拘泥于常规的座椅产品。

4）设计中可以考虑对自身的创意主题进行强化，比如进行系列化或者家族化的设计展开，尝试探索设计理念效益最大化。

命题（四）　新家电产品设计

一、题目

新家电产品设计——基于智能家居的产品创新与创意

二、说明与提示

1）智能技术发展给居家生活带来了很多的变革，原有家电产品智能化和满足新兴需求的产品，都为家电产品的设计创意与创新提供了巨大空间。

2）不同人群在智能家居推广中的反应是不一样的，如何针对老年人、年轻人和各类需求人群进行家电产品的再设计是要特别注意的。

3）智能技术在各种家电产品中的渗透使设计中的需求研究变得更加微妙，技术进入生活并不是越多越好，而是要把握适度。

4）新家电的设计中由于智能技术的深度参与，要特别考虑产品设计的系统性，目标是简化和优化生活，而不是使生活过度技术化。

命题（五）　旅游商品设计

一、题目

旅游商品设计——基于旅游的产品设计与创新

二、说明与提示

1）调研了解旅游产业发展中的经济增长点，借鉴成功旅游产业建设中的旅游商品开发经验，依托文创产品领域进行设计创意。

2）可以选定某个旅游目的地进行对应特色研究，有针对性地进行文创产品设计，也就是可以作为当地旅游商品的设计。

3）对于以工业文化为主题的旅游城市（或景点），要注意突出工业遗址、相关历史事件、今昔对比和代表性工业内容提炼等方面的元素应用。

4）也可以考虑研究不同旅行人群在旅行中的各种需求和可能存在的困难，结合新技术，开发新形式解决方案或者新功能。

命题（六）　交通工具设计

一、题目

交通工具设计——个体代步和公共运输的不同需求

二、说明与提示

1）针对个体出行代步或者城市内人群公共运输，进行对应交通工具的全新创意与设计。

2）个体出行代步工具，除能源概念外，建议充分考虑交通工具的停放、乘员数量、是否存在距离差异等，进行不同定位的设计创意。

3）城市公共运输要侧重考虑系统性，最后 1km 以及与个体交通工具之间的关系，不同乘坐人群存在特殊需求等方面的问题。

4）建议思考交通工具的发展方向，是否会存在"慢生活理念"倡导下交通需求的变化，也就是城际交通速度提升与城市内舒缓需求不同趋向的可能，由此形成趋向某些健康交通理念的引导。

9-1　设计实践过程中，如何保证在不同的命题背景和生疏情况下，都能将设计做到一定深度？系统总结一些自身的经验体会。

9-2　通过产品设计实践，如何认识"设计完成度"这个问题？现实中的设计能够达到完美吗？谈谈看法或观点。

9-3　你对"结束设计在一定意义上是设计师应该具备的设计能力"这句话怎样理解？举例说明。

9-4　你所做的若干设计实践中，是否存在创意与效果制作不匹配的问题？关键解决途径可能在哪些方面？

参 考 文 献

[1] 程能林. 工业设计概论 [M]. 3 版. 北京：机械工业出版社，2013.

[2] 简召全. 工业设计方法学 [M]. 北京：北京理工大学出版社，2000.

[3] 任君卿，周根然，张明宝. 新产品开发 [M]. 北京：科学出版社，2005.

[4] 刘永翔. 产品设计实用基础 [M]. 北京：化学工业出版社，2003.

[5] 刘永翔. 产品设计 [M]. 北京：机械工业出版社，2004.

[6] 阮宝湘. 工业设计人机工程 [M]. 3 版. 北京：机械工业出版社，2016.

[7] 阮宝湘. 工业设计机械基础 [M]. 3 版. 北京：机械工业出版社，2016.

[8] 潘荣，李娟. 构思·策划·实现——产品专题设计 [M]. 2 版. 北京：中国建筑工业出版社，2009.

[9] 周森. 产品设计程序与方法 [M]. 南京：东南大学出版社，2014.

[10] 李乐山. 工业设计思想基础 [M]. 2 版. 北京：中国建筑工业出版社，2007.

[11] 莱斯科. 工业设计——材料与加工手册 [M]. 李乐山，译. 北京：中国水利水电出版社，2005.

[12] 王明旨. 产品设计（美术卷）[M]. 北京：中国美术学院出版社，2004.

[13] 李砚祖. 器物的情致：产品艺术设计 [M]. 北京：中国人民大学出版社，2017.

[14] 何人可. 工业设计史 [M]. 4 版. 北京：高等教育出版社，2010.

[15] 王受之. 世界现代设计史 [M]. 2 版. 北京：中国青年出版社，2015.

[16] 吴翔. 产品系统设计 [M]. 北京：中国轻工业出版社，2009.

[17] 刘国余，沈杰. 产品基础形态设计 [M]. 北京：中国轻工业出版社，2007.

[18] 李亦文. 产品设计原理 [M]. 2 版. 北京：化学工业出版社，2011.

[19] 陈仲琛. 工业造型设计基础教程 [M]. 沈阳：辽宁美术出版社，2000.

[20] 张乃仁，马卫星. 日本优秀工业设计 100 例 [M]. 北京：人民美术出版社，1998.

[21] 梁梅. 世界现代设计图典 [M]. 长沙：湖南美术出版社，2000.

[22] 诺曼. 设计心理学 [M]. 梅琼，译. 北京：中信出版社，2016.

[23] 林志航. 产品设计与制造质量工程 [M]. 北京：机械工业出版社，2005.

[24] 刘立红. 产品设计工程基础 [M]. 上海：上海人民美术出版社，2005.

[25] 王虹，沈杰，张展. 产品设计 [M]. 2 版. 上海：上海人民美术出版社，2006.

[26] 张宪荣，张萱. 设计色彩学 [M]. 北京：化学工业出版社，2003.

[27] 高楠. 工业设计创新的方法与案例 [M]. 北京：化学工业出版社，2006.

[28] MBA 必修核心课程编译组. MBA 新产品开发 [M]. 北京：中国国际广播出版社，1999.

[29] 尹定邦，邵宏. 设计学概论 [M]. 北京：人民美术出版社，2013.

[30] 戴端. 产品形态设计语义与传达 [M]. 北京：高等教育出版社，2010.

[31] 杨霖. 产品设计开发计划 [M]. 北京：清华大学出版社，2005.

[32] 陆家桂，曹学会. 产品设计变奏曲 [M]. 北京：中国建筑工业出版社，2005.

[33] 拜厄斯. 50 款灯具 [M]. 谢大康，译. 北京：中国轻工业出版社，2000.

[34] 莱夫特瑞. 欧美工业设计 5 大材料顶尖创意——塑料 2[M]. 杨继栋，宫力，译. 上海：上海人民美

术出版社，2007.

[35] 莱夫特瑞. 欧美工业设计 5 大材料顶尖创意——金属 [M]. 张港霞，译. 上海：上海人民美术出版社，2004.

[36] 莱夫特瑞. 欧美工业设计 5 大材料顶尖创意——木材 [M]. 朱文秋，译. 上海：上海人民美术出版社，2004.

[37] 莱夫特瑞. 欧美工业设计 5 大材料顶尖创意——陶瓷 [M]. 顾濛，译. 上海：上海人民美术出版社，2004.

[38] 莱夫特瑞. 欧美工业设计 5 大材料顶尖创意——玻璃 [M]. 董源，陈亮，译. 上海：上海人民美术出版社，2004.

[39] OTTO K N, WOOD K L. 产品设计 [M]. 齐春萍，宫晓东，张帆，等译. 北京：电子工业出版社，2017.

[40] 乌利齐，埃平格. 产品设计与开发 [M]. 杨青，吕佳芮，詹舒琳，等译. 北京：机械工业出版社，2018.

[41] 原研哉. 欲望的教育 [M]. 张珏，译. 桂林：广西师范大学出版社，2012.

[42] 诺曼. 未来产品设计 [M]. 刘松涛，译. 北京：电子工业出版社，2009.

[43] VOGEL C M, CAGAN J, BOATWRIGHT P. 创新设计 [M]. 吴卓浩，等译. 北京：电子工业出版社，2014.

[44] 诺曼. 好用型设计 [M]. 梅琼，译. 北京：中信出版社，2007.

[45] 杭间. 设计的善意 [M]. 桂林：广西师范大学出版社，2011.

[46] 王效杰. 工业设计：趋势与策略 [M]. 北京：中国轻工业出版社，2009.

[47] 钟元. 面向制造和装配的产品设计指南 [M]. 北京：机械工业出版社，2016.

[48] 美国工业设计师协会. 工业产品设计秘诀 [M]. 雷晓鸿，邹玲，译. 北京：中国建筑工业出版社，2004.